# 個が立つ組織

平和酒造4代目が考える
幸福度倍増の低成長モデル

山本典正
Yamamoto Norimasa

日経BP

# はじめに

「おはようございます」。朝、会社のドアを開けると朗らかに社員たちが挨拶をしてくれる。私も笑顔で応えながらデスクに向かうと1冊の雑誌が置いてある。「おっ、有名な雑誌○○だね。○○さん、また特集で載せてもらったの。いい感じの笑顔で写ってるじゃん。またファンが増えちゃうね」。

女性醸造家にそう言うと照れた顔で否定をするが、まんざらでもなさそうだ。最近私が雑誌などで取材されることは以前より減っている。その分、社員たちが取り上げられることが増えているのだ。メディアの方々も代表者の私だけでなく社員が面白い活動をしていることを聞きつけてくる。

和歌山県にある平和酒造は、社員17人の小さな会社であり私は平和酒造の4代目となる。私が入社した２００４年から、この15年間で売り上げは一度も落ちることがなく、2倍強の12億円（19年9月期）に増加した。経常利益率は、今期はこの調子でいけば17％で着地できそうだ。通常10％を超えれば超優良企業だといわれるから、かなりの優良企業だと自負している。

しかし、15年間で2倍という数字だけを見れば、成長率自体はそれほど高くない。むしろ「低成長」企業だと思う。皆さんは「低成長」と聞くと、どのようなイメージを持つだろう。

「高成長」の対義語として、ネガティブなイメージや閉塞感を感じる方も多いかもしれない。ビジネスで語られるときは、目標の未達成を意味し、回避すべきこととされる。成長率の高さは、上場企業を中心に、企業の魅力や期待を表す経営の大切な指標だ。

日本酒業界に目を転じてみよう。日本酒業界は、１９７２年にピークを迎え、以降50年近くの間に出荷量が３割以下となった。

長期縮小傾向にある日本酒業界の中では、平和酒造はまぎれもなく「高成長」といえるだろう。成熟産業の中で成長を続けたからこそ、今後の日本社会での企業のあり方のヒントになるのではないか。そのような思いから今回、１冊の本にまとめることにした。それだけではない。私は衰退産業である日本酒業界が、前途有望な産業に変化し、日本の起爆剤になっていくと信じている。

では、平和酒造の持続的成長を育んだ経営の本質は何だろうか。
私は挑戦を続ける経営だと認識している。本書で触れていくが、特に人、つまり社員の の自主的な取り組みや働き方を大切にしてきた。

そのような平和酒造であるが、この15年、数々のヒット作とチャレンジングなトピックに恵まれた。2005年に発売した梅酒「鶴梅」は、可憐なラベルデザインと和歌山の果実を使用した品質の高さからヒット商品になった。08年に出した日本酒「紀土（KID）」は、国内外の数々の日本酒コンテストで評価を得ている。

もともと売り上げ規模が小さいこともあり、この2つの銘柄を果敢に売り伸ばせば、売上高は15年間で5倍にはなっていた可能性もある。しかし私はあえて成長を抑えた。後に触れるように、取引先の酒販店を1つの地域（町）で1店舗に限定したからだ。

16年の春には、開発に6年をかけたクラフトビール「HEIWA CRAFT（平和クラフト）」をリリースし、これがまたヒットしつつある。19年の売上高は前年比170％に成長しており、結果として私の予想以上に売り上げが増えた。

しかし、この高い伸びは少々の誤算である。そのような高成長を狙っていたのではない。もっと成長率が低いほうが平和酒造の経営的にはよかったのではないかとさえ思う。成長率が高ければ、必ずその反動があるからだ。消費者から飽きられるリスクが高くなるし、社員も仕事に追われ、創造的な仕事に挑戦できなくなる。

創造的な仕事といえばぶっ飛んだところでは、19年には堀江貴文氏の手がける宇宙事業で、「紀土」がロケットの燃料の一部となり、そのお酒を発売したことが挙げられる。国産ロケットに国産燃料を、という堀江氏の考えで、日本酒のアルコールを燃料に使うことになり、協力した。

また、元サッカー日本代表の中田英寿氏と梅酒入りのチョコレートを共同開発することもした。これらは奇をてらったものではなく、日本酒の新たな可能性を、固定観念に縛られることなく真剣に探しているだけだ。こうした取り組みは数え切れないほどメディアで取り上げられ、注目された。

平和酒造の経営スタイルを好奇の目で見る人もいるが、私には確固たる信念と経営哲学がある。それは旧態依然とした経営手法や社員管理システムは間もなく終わりを迎えるという考えだ。もちろん、それは日本酒業界に限った話ではない。

大量生産・大量消費時代が過ぎ去った日本は、人口減少の一途をたどっており、今後市場はますます縮小していく。それによって影響を受け、経済環境だけでなく、個人の幸福感も変化している。

自動車を所有したいという若者が年々減っていることが象徴的だが、モノに対する欲求は昔に比べると驚くほど少ない。人口の増減率と経済の成熟度、個人の価値観はそれぞれ密接に関係している。経営者が「売り上げを伸ばそう」と声を張り上げても、共感できる人は少なくなっている。

以前の会社員は、がむしゃらに会社のために力を尽くせば、日本の経済全体が成長していたため、ある種の達成感を得ることができた。しかし、低成長時代にそれを続けても何も得られない。組織に属している一人一人が「働くための新しい意味」、もっといえば「生きるための意味」を求めている。

経営者側から見れば、以前は強いリーダーシップで組織を一定の方向に走るように、かきたてればよかった。商品を日本の隅々まで売り込み、その利益でいち早く巨大な工場を建て、大量に安く、モノをつくりまくる。それは迷うことのない「一定の方向」であった。

しかし、これからはどこに向かえばいいのか分からない。どんなものをつくれば売れるのか。暗中模索で経営するには、経営者1人の感性ではなく、社員一人一人の感性を生かことが重要だ。多様な見方があればあるほど、方向性の選択肢が増え、正しいかじ取りができる可能性が高まる。

個人の感性を生かすというのは、今では多くの経営者が使っている言葉だが、難しいことだ。経営者が「個」を最後に束ね、会社としての一つの方向にまとめなければならないからだ。これを経営に落とし込めている会社は少ない。もちろん私自身、どこまでできているかというと、心もとない。ただ、この15年間、立ち止まることなく、前には進んでこられたように思う。

私、山本典正は、京都の大学を卒業した後、人材系ベンチャー企業を経て04年に家業に戻った。

それから15年。人一倍、いろいろな失敗を繰り返しながら、新しい経営を模索してきた。そうして、平和酒造は地方の小さな酒蔵にもかかわらず、多くの方に商品価値、企業価値を認められるようになった。

私にとってうれしいのは、単に「鶴梅」「紀土」が売れたという実利の部分だけではない。「閉鎖的で硬直化した組織」だった平和酒造が生まれ変わり、「オープンで柔軟性の高い組織」になった結果としての成功だということだ。

社員それぞれの良さ、人生を尊重しながら、自ら考え、挑戦を続ける場を提供する。それがウソではないことは、採用状況を見れば理解してもらえるだろう。社員の創造力や行動力を伸ばす企業風土が学生たちの目に留まり、毎年1000人以上の大卒新卒者が採用枠に殺到している。

上意下達の旧態依然とした組織が、いかに「個が立つ組織」へと変化を遂げたか。そしてそれは衰退産業の中でどんな成果を上げたのか。

この本では、平和酒造の持続的成長を支えることになった組織改革と人材育成について記していきたい。

1章では平和酒造の紹介と成長戦略に触れる。2章では倍率1000倍企業の人づくりを、続く3章では、個が支える新しい組織を、4章では個が輝くための秘策を詳述した。5章は日本酒と日本の未来への思いを綴っている。

「個が立つ組織」は今、下請け体質から脱却すべき中小企業に必要なだけではない。現状維持が最優先で目の前のことにばかり集中している大企業にも、強く求められていくあり方だろう。

過去の成功事例は、もはや明日の成功を約束するものではない。いや、過去と同じことをやっていては、会社は潰れる。個が立つ経営に変えなければならない。それは選択肢の1つではなく、企業の絶対条件だと思う。

## 第2章

## 第3章 個が支える新しい組織

## 第5章 日本酒と日本の未来

第1章

# 縮小市場で成長するモデル

平和酒造は温暖な和歌山県海南市溝の口にある。なだらかな山に囲まれた稲作が盛んな盆地で、降水量も多く、高野山の伏流水である井戸水が豊富だ。いわば、いい米、いい水、適温という酒造りの条件がそろった土地である。

山本家はこの地で無量山超願寺という寺を営んでいた。酒造りを始めたのは1928年。私の曽祖父である谷口保が山本家の婿養子となったことがきっかけだ。保は江戸時代後期の天保から続く酒蔵の息子だった。実家が酒造りをしていたということと、溝の口が適した土地ということで始めたのだろう。

ところが、第二次世界大戦中、酒造の統制令が公布されると酒造りができなくなった。小さな酒蔵の酒造免許が返還や休業ということで使えなくなる統制であり、山本家の酒蔵は京都の蔵元に貸し出すこととなったからだ。

終戦後も酒造再開の許可は下りない。保の息子である私の祖父、保正が国会に陳情に出向くなどして、ようやく再開できたのは7年後だった。

平和酒造の名は当時、祖父が平和な時代に酒造りができる喜びと希望を胸に付けた。

しかし京都の蔵元に提供していた蔵を返してもらうことはできなかった。ようやく数年後に自分たちの蔵を取り戻したが、すぐに思うような酒は造れず、業績を上げることが難

酒蔵の上空からの景色

和歌山県海南市溝の口にある平和酒造社屋。山に囲まれた静かな盆地に建つ

しくなっていた。

やむなく大手酒造メーカーの下請けとして酒をつくる「桶売り蔵」としての製造が主となった。自社ブランドの酒もわずかながら続けたが、商売がうまくいっているとは言い難かったようだ。

祖父には男の子がいなかった。そのため、嫁いでいた三女で私の母、和子の一家が跡取りとして呼び戻された。1980年、和子の夫で私の父、文男が家業を継ぐ。父の前職は大手商社のサラリーマン。酒造りは全くの素人だった。


当時、既に日本酒業界は下降気味で、平和酒造も売り上げが減少していた。平和酒造は社員が1人で借金を抱える零細企業だった。

日本酒造りは10月から3月の半年間に集中している。大企業で年中忙しく働いていた父は、春から夏にかけて何かできないかと模索した。

やがて父は、大手メーカーのビールの安売りを始めた。当時は酒販組合によって日本酒やビールの価格が決められ、値下げは業界のタブーだった。

しかし、会社を倒産させるわけにはいかない。父はトラックで行商し、大手のビールを売って回った資金で大阪にディスカウントストアを開いた。その後、安売り店が次々台頭してくると、父はビールの販売から撤退し、ディスカウントストア用の日本酒造りを始めたのだった。

## ベンチャー企業を経て家業へ

私は1978年、和歌山県海南市で3人の男兄弟の長男として生まれた。幼少期から酒蔵を経営する父の背中を見て育ち、小学校の卒業文集では、将来の目標欄に「大人になったら父の手伝いをしたい」と暗に経営者になる希望を記していた。

京都の大学の経済学部に進み、卒業後は東京で人材派遣や人材育成を手がけるベンチャー企業に就職した。酒と関係のない異業種で働けるのはこの時期しかないと考えたからだ。また、この企業には、人事コンサル系の仕事に携わるだけでなく、営業職や支店の運営などを任されるチャンスが用意されていた。こうして総合的な能力を伸ばせる会社でベンチャースピリットを学びたいと思ったことも、入社の決め手となった。

ベンチャー企業には3年間勤務した。経営者をはじめ、役職ではなく互いに名前で呼び合うようなフラットな組織だった。日々自由闊達に意見を交わし、皆で会社を良くしようという空気があった。この会社で従業員として働いた経験は私にとって大きい。「いつか平和酒造も一人一人が楽しく仕事をする組織にしたい」と強く思うようになったからだ。

平和酒造に戻ったのは、26歳の時だ。今振り返れば、後継者の息子として早く結果を出し、周囲に認められたいという思いと焦りが非常に強かったように思う。

入社直後、自分ができることから変えていこうと、ＴｏＤｏリストを作成すると、すぐに１００項目以上になった。例えば、事務所の掃除や社員との面談、各商品のコスト計算などさまざまだ。日常業務から人材育成、財務改革まで多岐にわたった。

入社から３カ月間、父に同行して得意先を回った時のことだ。徐々に経営面での大きな課題が見えてきた。父が営業トークで繰り広げるのは、「どこまで安くできるか」という値下げの話ばかりだったのだ。価格を下げればお客さんに喜んでもらえる、だからとにかく平和酒造は大量生産し、安くして大量に売る。これが平和酒造の戦略だった。

前職では、「最初から値下げをして仕事をとってくるものではない。値段で勝負するのは最低」とまで言われていた。顧客が納得するようなサービスをして、その対価として正当な価格を得るものだ。「見積もりの提示は最後」が原則だった。

だが、日本酒業界が長期衰退のトレンドで右肩下がりを続ける中、安いパック酒に売り上げを依存していた平和酒造は、価格競争の渦中にあった。大手メーカーが提示する価格に対抗するには、商品の価格をずるずると下げるしかなかったのだ。

こうした課題を見いだし、改革を進めようとする私と父との間で、対立することも増えていった。

一方、父にとっては全く関心のない分野があった。組織づくりや人材教育だ。

当時、社員全員と面談してみると、仕事や会社に対する不満を抱えていることが分かった。社員10人の小さな組織にもかかわらず、皆、「会社側は」という言葉を使っている。「会社側はこう言うが」「会社側はこんな方針で」と、社員と会社が別の方向を向いて、完全に相対していた（2章で詳述）。それは、私が目指すような経営者と社員が一つの方向を向いて進む組織とは全く違っていた。

人口が大幅に減少し、今後日本酒の消費量がさらに減ることを考えると、大量生産の低付加価値商品で売り上げを伸ばすには限界がある。これまでのような営業スタイルをとっていたら、平和酒造に20年、30年先はない。

会社の個性を掘り下げ、高付加価値の自社ブランドの開発が必要だ。「和歌山県」で酒造りをしている理由は何か、「平和酒造」の酒造りとは何か。

そのためにも平和酒造を組織ごと変えていかねばならない。

ここから私の挑戦が始まった。

## 個性ある商品開発

「正しいものは必ず勝つ」。常々私は、そう信じている。日本酒メーカーで考えれば「おいしい酒は勝つ」になるだろう。では、平和酒造の強みはどこか、右肩下がりの業界の中でどうすれば生き残っていけるのか。

入社後、私は平和酒造の酒をすべて飲み比べてみることにした。同時に得意先や店を回り、酒の評判や味の評価を聞いた。どこに行っても「おいしい」と話題に上ったのが梅酒だ。内心「おいしい酒があってよかった、光が見えた」と安堵した。

平和酒造という酒蔵を客観的に見ると、産地としての強みも見えてきた。

かつての吟醸酒ブームではコメの産地である新潟県に、焼酎ブームではサツマイモの主な産地である鹿児島県に強みがあった。それが和歌山にあるとすれば梅だ。和歌山県は全国の梅の50％以上のシェアを誇り、梅の産地として名高い。

そこで自社ブランドの高品質な梅酒をつくろうと考えた。

当時は県内でリキュールをつくれるメーカーは少なかった。また、平和酒造では紙パックの梅酒を手がけていたことがあるので、ノウハウもあった。そして梅酒ブームの予感もあった。

早速、父に「まずは、高品質の梅酒で勝負したい」と話した。しかし、父は想像以上に難色を示した。高品質な酒をつくることには賛成だが、であればなおさら平和酒造の祖業である日本酒を手がけるべきだというのが言い分だった。

埋もれていた平和酒造のブランドを確立することは簡単ではない。私は父に、そのこだわりは捨てたほうがいいと訴えた。競合が少なく、自分たちが勝てる可能性が高いところから始めるべきだ。日本酒造りは、梅酒を成功させたあとに、じっくりと取り組もう。

勝てるところで一つ一つ小さな勝ちを重ねていくことで、大きな勝ちにつながっていくはずだ。酒造りに関して、私がやりたいことの基本は同じだ。徹底して味を追求する商品を生むことである。

日本にあるすべての酒蔵やその蔵がつくり出す酒には、明確な個性や特徴がある。一軒として同じ蔵や銘柄はない。ところが、外から見ればどこも似たような印象になっていないだろうか。

銘柄ごとに味も香りも異なり、バリエーションの豊かさを楽しめるのが日本酒の魅力だが、消費者にうまく伝えられていない。それぞれの蔵への興味を喚起することができず、結果、業界全体が右肩下がりとなっているのだ。

私が蔵に入って最初に考えたのは、この業界に埋もれることなくエッジを立てることだった。

POINT 個が立つ組織 1 自社の強みを理解している

## マーケティングに頼らない

大手食品メーカーは、マーケティング調査で、消費者の味の好みを調べるなどして、そのデータを参考にものづくりをしている。また、商品価格を抑えるために、原材料費を削っている。

一方、平和酒造のような小さな酒蔵には、大々的な調査を行うような体力はないし、人手も時間もない。しかも、そもそもマーケティングをした結果に基づく商品開発をすれば、どこも同じような商品になってしまう。

私たちはあえてマーケティングに頼らない商品づくりを選んだ。平和酒造にとって究極的においしい梅酒づくりだ。コストや手間の問題をいったん脇に置いて開発を進めた。試作の連続である。

さらに、手に取ってもらわなければ酒のおいしさは分からない。そこで、見た目のいいパッケージとは何かを考え続けた。

購買層の女性を意識して、手に取りやすく、日本酒の格調にも似た品の良さを出そうとした。梅酒は瓶に詰め、ラベルには、淡い桃色と白のスポンジ生地を使った。

こだわりは表には出さないことを心がけた。「こだわり商品」をつくるときに犯しがちなのは、中身へのこだわりがパッケージにまで表れてしまうことだ。その結果、消費者の感覚とずれれば、ターゲットを遠ざけてしまう。

名前には思い入れがある。かつて、平和酒造の代表銘柄は「和歌鶴」だった。昭和の時代を支えた酒だったが、商標権の問題で現在は残念ながら使えない。そこで「和歌鶴の梅酒」を略して「鶴梅」とした。名前の由来が、ある種の格調を生み出していると自負している。

スポンジ生地のラベルは機械で貼ることができない。人の手で一枚一枚貼っていくプロセスは、最後の検品も兼ねている。

こうして2005年11月、鶴梅シリーズが発売となった。

実は、その半年前に「八岐《やまた》の梅酒」を発売していた。最高の素材を使った梅酒でそのこだわりを表現すべく、ラベルには金箔、銀箔、赤箔まであしらった。かなりの自信作だったが、売れなかった。

実は「こだわり商品をつくるときに犯しがち」と前述したのは私の話なのだ。消費者を無視した自己満足のパッケージになっていた。

そして、この反省を生かしたのが「鶴梅」だ。鶴梅は現在、平和酒造の大きな柱の1つに育っている。初年度は5000本（各サイズ合算）の出荷量だったが、現在では40万本（同）に伸びている。

リキュール「鶴梅」シリーズ。ラベルにはスポンジ生地を使った（写真左から全４本）

POINT
個が立つ組織 2 商品開発はマスよりも個性を追求

## 日本酒「紀土」の誕生

鶴梅の成功から5カ月。平和酒造は2006年4月に、高付加価値の日本酒造りを始めた。手がけたのは2種類の日本酒だ。

一つは和歌山県限定販売の純米酒「紀美野」だ。2006年1月に町村合併して誕生した「紀美野町」に由来している。平和酒造の隣にある町で、古くは同じ地域だった。私が個人的に好きな保守的な日本酒をつくった。私なりの日本酒へのこだわりを凝縮し、地酒はまず地元で消費されるべきだというメッセージを込めた。

ラベルには平和酒造の象徴である鶴、和歌山の象徴である梅、日本酒の象徴である稲をあしらい、中央には墨で「紀美野」と大書した。こだわり抜いたレトロ調のデザインだったがこれも苦笑せざるを得ないほど売れなかった。

分かっていたのにまた自分のこだわりを押し付けてしまったようだ。しかし私がこだわるほどに売れないのは、不思議でならない。私は根が真面目なタイプなので、こだわるほど消費者にとって重すぎるものに仕上がってしまうのだろうか。

リベンジすべく背水の陣でスタートしたのが、2つ目のブランドで現在の平和酒造の代表銘柄、「紀土」だ。

2008年9月に発売した「紀土」は、発売までに3年を費やし、さらに売り上げが1億円を超すまでに6年を要した。売り上げの10%ほどを占めるのに10年近くかかっているわけで、いかに時間をかけてじっくり育てたかが分かる。

これまで以上に頭をひねったのは、ネーミングである。日本の若者に飲んでもらいたい。また、世界の市場にも打って出たい。そうなれば、日本の伝統や和歌山の風土を伝えながらも革新的でなければならない。「紀美野」とは真逆のコンセプトだけに、自分の中にある保守的な志向を捨てなければならなかった。

重要視したのはシンプルな名前だ。かつ、インパクトが欲しい。メインターゲットとした若い男性が好む濁音を入れたかった。「ゴジラ」「ガンダム」など、濁音がつくものは耳に残りやすく、力強さがある。

1年近く考えた末、「紀州の風土」の意味を込めた「紀土」にたどり着いた。欧文表記はKIDだ。

キッドは、言わずもがな子供と訳すことができる。これから若い蔵として育っていきたい、日本酒文化を育てたいという意味合いを込めた。

実は、最初に音から「キッド」を思いつき、後から紀州の風土と解釈できるよね、と名前の理由をこじつけたのだ。とはいえ、今から振り返ると、自社の田んぼで山田錦を栽培したり、和歌山の風土性を大切にした酒造りをしたりなど、まさに「名は体を表す」かのような漢字を当てられたなと思っている。

ラベルは過去2度の失敗を反省し、シンプルを心がけた。「紀」と「土」だけを大きくあしらい、またエンボスで「KID」と入れた。若い人が飲むときを意識して、食卓に並べて違和感のない雰囲気を持たせるようにした。

紀土は、純米酒、純米吟醸酒、純米大吟醸酒をベースに、徹底的に味にこだわった高品質の酒造りをした。高品質であれば必ず消費者が求めてくれることを「鶴梅」の成功から確信していた。

日本酒「紀土」シリーズ。日本酒コンテストIWC（インターナショナル・ワイン・チャレンジ）では「紀土　大吟醸」「紀土　純米大吟醸 Sparkling」が金賞を受賞した

しかし実は改良の過程で、今思い出しても胃が痛くなりそうな失敗を経験している。発売直後のことだった。当時、都内で開催される日本酒イベントはまれだったが、運よく知り合いの酒屋が主催する日本酒の会に招かれた。港区の明治神宮記念会館で30社が招かれた催しだ。中でも出店できる若手の蔵はわずか数枠だったから、紀土を披露できることに歓喜した。「ここから始まるサクセスストーリー」などと脳内では浮かれていたかもしれない。

しかし、開場前、杜氏と共に他社のブースを回ると、30社の中で明らかにランク外の酒の存在に気づいた。それが紀土だったのだ。案の定、他の蔵と比べて自分たちの酒が大量に残ってしまった。いたたまれず、余った酒をバックヤードに運び、飲食店に「これ、よければ使ってください」と譲ってしまうほどだった。

こんな惨めな思いは2度としたくない。悔しさをバネにさらなる研究と改良を重ねた結果、今では賞を獲得するまでになった。

2019年には、IWC(インターナショナル・ワイン・チャレンジ)という海外で最大の日本酒コンペティションで、サケブルワリーオブザイヤー(今年活躍した酒蔵賞)をいただくなどという栄誉にも輝いた。これは、同コンペティションのサケ部門9つのカテ

IWC（インターナショナル・ワイン・チャレンジ）2019の授賞式で、表彰状を受け取る著者（写真中央左）と社員の荒瀬さん（写真中央右）

ゴリーの中で、最も多くの賞を獲得した酒蔵に贈られる最高賞だ。

しかし、受賞以上に大切なのがお客さんからの評価だ。

酒は一度飲んで評価を得られなければ、二度と振り返ってもらえない。ブランドという意味でも信頼が非常に大切だ。だからこそ、本当に消費者がおいしいと感じるものだけを売らなければならない。

そのためには、得意先や消費者に対して積極的に営業をかけて売り上げを伸ばすよりも、「長期的な視野でおいしい酒をつくる」というミッションを掲げ、まずそこに向かって一目散に努力していくことを選んだほうがいい。愚純なほどの品質主義だ。これは高成長を狙う大企業の選択肢にはない中小企業ならではの道ではないだろうか。発売までに3年をかけたのは、まさにそのためである。

初年度の出荷数は3000本（各サイズ合算）。その後、順調に売り上げが伸び、2018年度には30万本（同）を出荷している。紀土の発売で、悲願であった高品質・高付加価値の日本酒造りのスタートを切った。

## 流通経路の見直し

「鶴梅」や「紀土」の発売に際しては、流通経路の見直しが成功要因の1つになっている。平和酒造はかつて、パック酒の製造をメインとしており、多くの酒蔵と同様、卸、小売店、消費者（個人もしくは飲食店）という経路で商品を販売していた。卸を通すことで小売店での取り扱いが増え、比例して販売本数も伸びる。だが半面、売り上げを増やすための厳しい価格競争に常時さらされていた。

「鶴梅」や「紀土」は、パック酒のように大量生産を目指す商品ではない。平和酒造の新たなラインとして、時間をかけ、品質にこだわって商品開発し、その価値を理解してもらえる店に置く全く新しいブランドにしたい。そのため、パック酒で培った流通経路とは全く別のルートを構築しようと考えた。

卸を通さずに小売店（地酒屋）と直接取引する方法だ。さらに、小売店を1つの地域で1店舗に限定することにした。

どの業界でも、業界内で評判になる優良店があるだろう。日本酒業界でも、全国に「この酒店はいい商品を置いている」あるいは「酒の扱い方が素晴らしい」といわれる店があった。こうした評判の良い店にコツコツとアプローチしたのだ。
小売店は、一緒に日本酒を売る大切なパートナーだ。だから私は、平和酒造の商品を委ねる小売店を選ぶとき、少なくとも2回は先方を訪ねて代表者と会った。

同時に小売店の代表者には、どんなに遠方であっても、平和酒造に2回は来訪してもらった。平和酒造の酒造りや考え方を体感し、より深く知ってもらうためだ。

私は取引先を決めるとき、「この人と一生付き合えると思えるかどうか」を基準にしている。例えば先方に不幸が生じたときに私の頭をよぎるのが、売り上げ減なのか、先方の痛みなのか、ということだ。後者を感じられる人とだけ、取引している。

契約に至るまでには「○○さんのお店がこの地域で非常に繁盛しているのは知っています。でも、まだまだ日本酒の本質を理解されていないと思います」と失礼なことを言って相手を怒らせてしまうこともあった。しかし、こちらはそれだけ真剣なのだ。

各地で定評のある酒店は、独自に品質の高い酒や希少な酒を仕入れ、その魅力やブランドストーリーを消費者に伝えて店のファンを増やしていく。こうした小売店の成功がなければ、私たちの成功もない。だからこそ率直な意見交換ができなければ、日本酒の厳しい現状を生き延びることは不可能なのだ。

小売店と直接取引をすることは、販売価格帯の面でもメリットがあった。卸を通した場合、卸と小売店で中間マージンが発生する。マージンは商品の末端価格にのせられるから、消費者の負担になる。「鶴梅」や「紀土」は、決して安売りしたことがない。だが、無用なコストは可能な限り減らし、消費者が少しでも購入しやすい価格帯で売りたいと考えた。価値にかなった正当な価格で販売できれば、小売店の利益を減らすことも、平和酒造の利益を減らすこともない。

これらの積み重ねが奏功して、小売店を通じて商品の価値を正しく消費者に伝える流れがようやくできた。加えて、この店でなければ買えないという付加価値も生まれた。

一例として、ある酒店のウェブサイトから紹介文を掲載しよう。紀土を大切に扱っていただいている神奈川県の酒販店さんのホームページである。

「鶴梅」でトップクラスの人気を誇る「平和酒造」が醸す、渾身の酒

2008年の2月に「旨い日本酒ができました、ぜひ味を見てください」と平和酒造、山本専務にお話を頂き、すぐに和歌山に来訪…このお酒にかける熱い思

いと品質の高さを、直接、肌で舌で感じてきました。

今や平和酒造の主軸商品「鶴梅」や「八岐の梅酒」は昨今の梅酒ブームの中、人気ナンバーワンのブランドに成長……しかしながら、この成功に甘んじることなく、次へのステップにチャレンジする情熱は全くおとろえをみせません……さすが！

うまい酒の定義とは？…フルーティーな酒、何杯も飲める酒、旨みある酒、みなさん好きな酒は様々ですが「誰が飲んでも美味しいと思える究極の食中酒」…Ｋｉｄはそんな酒です！

高くて旨いのは当たり前ですが、この酒は価格以上の品質をお約束します！

初めてこのお酒を飲んだ際「この品質でこの価格はあり？反則だよね」と思わず聞き返してしまいました…

スペック（山田錦使用）はもちろんのこと、「ラベル」「瓶」等を含めて、この価格

帯で出して採算がとれるのだろうかと思ったくらい、コストパフォーマンスに優れた1本です。（原文ママ）

人口が増加していた時代は、数量をさばくことが優先だった。売れ行きが落ちると、あちこちでオマケを付けたり値引きをしたりして、何とか小売店に商品を「押し込み」売り上げを立てることも多かったはずだ。たとえ利益を削っても売れる量が多ければ、カバーできた時代だったかもしれない。

しかし日本酒業界のように、右肩下がりの市場においては大量生産・大量消費時代の施策は役に立たない。必要なのは短期的な売り上げを伸ばすことではなく、商品の価値を理解した顧客に、買い続けてもらうことだ。長く愛される商品をつくるためには、メーカーと小売店の相互の繁栄と持続性に配慮したビジネスモデルが不可欠なのだ。こうした意味で平和酒造と小売店の関係は、まさに長期的な成長をかなえるものだといえる。

**POINT 個が立つ組織 3 価値を共感できる相手と取引する**

## 直販よりも小売店

中間マージンの削減が目的なら、小売店との取引もやめて自社で直接販売をすればいいのではないかと言われることがある。

しかし、流通経路の見直しをしたのは中間マージンのカットだけが目的ではない。酒蔵に代わって商品の情報を正しく消費者に伝えてほしい、という思いが一番大きい。

平和酒造のウェブサイトでは、自社商品を紹介しているが、そこから「購買」のページにとぶことはない。

小売店での販売にこだわるのには明確な理由がある。

一つには、優れた小売店は酒蔵とは比較にならないほど消費者との距離が近いからだ。店を訪れる消費者がどんな飲み方を好むのか、毎晩、誰と晩酌するのか、その時テーブルにあるのは和食なのか、洋食なのか。室内で飲むことが多いのか、あるいは野外なのか。またはパートナーへのプレゼントかなど、シチュエーションに合わせて最適な酒を提案してくれる。

もちろん、「紀土」シリーズにも「鶴梅」シリーズにも、消費者の好みに合わせたラインアップが複数ある。その時々で勧める商品は異なるし、おいしく味わうための保存方法や飲み方のちょっとした工夫もある。

こうした言葉を添えて消費者と接してくれる小売店は、酒蔵にとってなくてはならない存在なのだ。平和酒造の商品を正確に理解し、蔵に何度も足を運び、夜ごと私と議論を交わした小売店が扱うからこそ、安心して託すことができている。

ここで例外として、インターネット販売については、小売店が商品を正しく説明した上での取り扱いは行っていることを記しておきたい。これは商品ターゲットとする若者の購買スタイルの変化に合わせたものだ。結果、「鶴梅」は楽天市場のリキュール部門でナンバーワンの売り上げを10年間守り続けた。

**POINT 個が立つ組織 4 消費者に価値を伝えきる**

## 高成長モデルの危うさ

　このように平和酒造の商品改革を振り返れば、失敗を経験しながらも、時間をしっかりかけた品質重視の戦略が、実を結んだといえる。品質重視というのは、商売をする上では至極当たり前のことではある。

　しかし、仮にスタート時は高い志を持っていても、多くが途中で成長重視に転換してしまうケースも少なくない。戦後長らく高成長であることがもてはやされてきたからだ。

　従来の勝利の方程式で一番分かりやすい事例は、製造業でいえば他社よりも大型の工場を早く建てること。サービス業でいえば、フランチャイズ経営や多店舗化だ。大量生産・大量販売によってコストを安くし、収益を上げる。こうして戦後の人口の時代に大企業が強くなった。

　大企業は売り上げが大きい。だから、すべての消費者を相手に商売することになる。しかし、人口が減少する局面では、こうした高成長モデルの限界が見えてくる。肝心のカスタマーが減っていくからだ。そうなると、今までとは違うモデルを構築しなければならない。

　例えば高成長モデルでは、売上高1億円の会社が毎年、前年比200％で伸びていくとする。そうすると、10年で売上高が1000億円になる。こうした高成長を目指すとなれば、当然、最初から1000億円以上の市場を想定しておかなければならない。高成長モデルというのは、いったんスタートすれば宿命みたいなもので、激しい競争の中で常に高い成長率を求められる。そうでなければコンペティターに負けてしまうのだ。

企業が成長する際に大切な要素は、ターゲットとする市場が拡大するということだ。300億円の市場しかないとすれば、200%という伸び率は8年目くらいで限界が来る。高成長のモデルは急拡大していく市場、拡販可能な商品やサービスの存在によってしか生まれない。

200%の成長モデルは、市場のシェアを寡占したときに明らかに伸びが小さくなる。それでも成長を続けようとすれば、M&Aなどによって他の業種に参入せざるを得ない。そうした横展開は成長どころか、減衰リスクもあり、持続性が危うくなる。経済成長が見込めない今の日本においては非常に困難な道だ。そしてもちろん、中小企業がそれを目指すのには無理がある。

では110%の成長であればどうか。そのまま成長を続けた場合、10年後の売上高は約2億6000万円程度であり、今の時代に十分に継続可能な低成長モデルだ。

マーケットのパイが限られるから、低成長モデルしか選択肢はない、と短絡的に言いたいのではない。高成長が難しい時代に高成長を目指すことは、実は経営効率から見ても合わないのである。

## 平和酒造の低成長モデル

低成長モデルでは、売ることよりも、良い商品をつくることが先だ。つまりヒットを狙うのではなく、長く好まれるロングセラー商品をつくること。平和酒造でいえば、いい酒をつくる。どこまでも、質で勝負することだと考えている。

半年をかけてその年の商品を製造し、その後1年で売る日本酒業界においては、低成長モデルは理想的だ。低成長だからこそ持続でき、ブランドとして長く持つのだ。

改めて、日本酒市場について触れておこう。市場規模が40年以上も右肩下がりを続けているのが日本酒業界だ。

具体的には、1973年に177万klあった出荷額が、2017年には53万klと3分の1にまで落ち込んだ。依然下げ止まってはおらず、日本酒市場は長期低落傾向にある。

衰退市場にあって、平和酒造は20年前の売上高4億円から、私が戻った15年前には6億

## 日本酒(清酒)の出荷額の推移

清酒の課税移出数量の推移

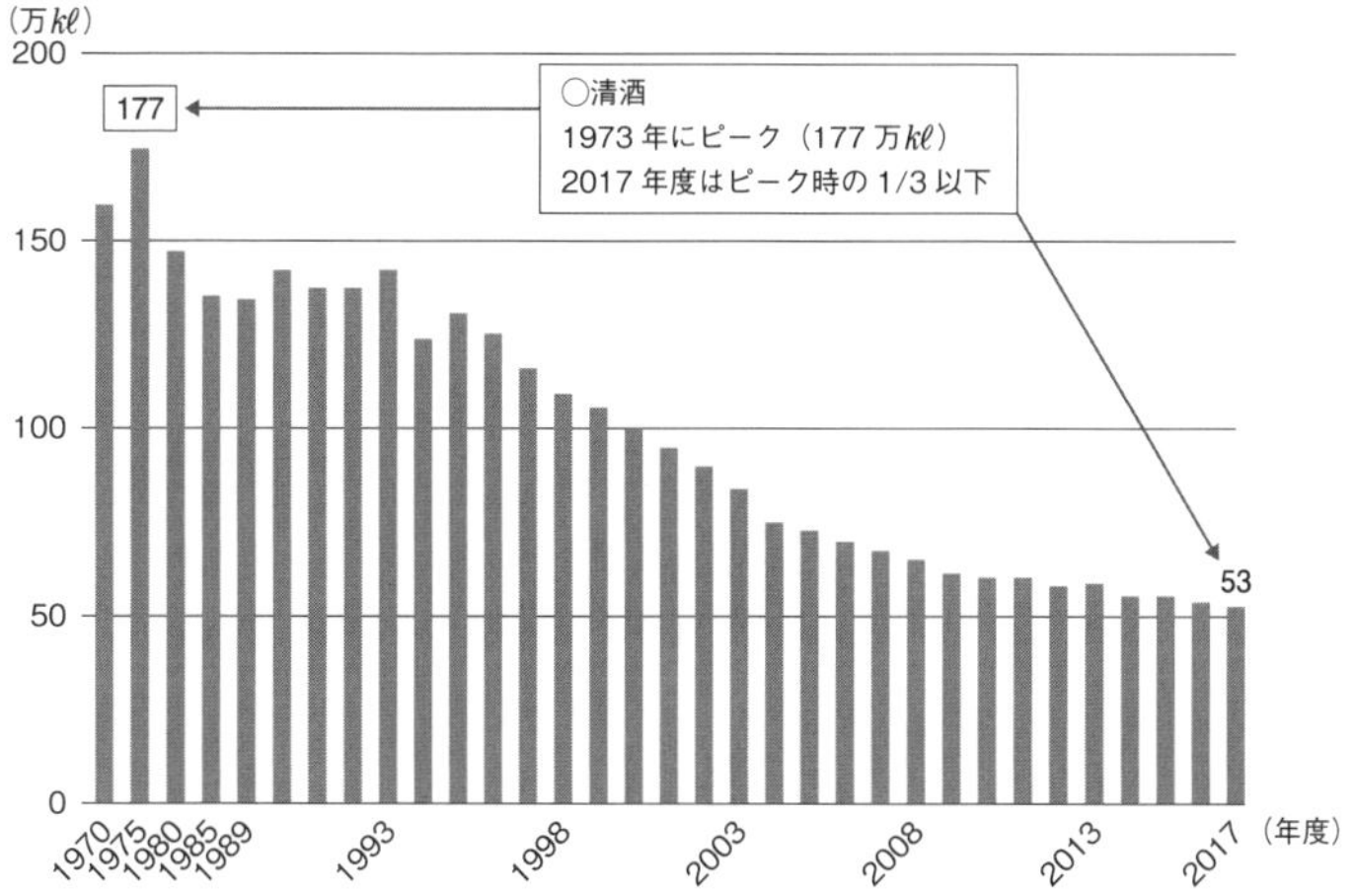


出典:国税庁「酒のしおり」平成31年3月　酒類課税数量の推移(国税局分及び税関分の合計)より

円になり、現在は12億円。つまり、この15年間で2倍、20年間では3倍に増えた。売り上げが下がっている会社が大半であり、現状維持がやっとという会社も多い日本酒業界の実態を踏まえると、異常だろう。

なぜ、平和酒造はずっと成長を続けられたのか。そして今後も、続けていけるだろうと推測ができるかというと、それは、低成長をあえて選択したという営業戦略、経営戦略にある。低成長戦略を選択したら、業界では高成長になっていたのである。

平和酒造の方針は、売り過ぎず、すぐ成果を求めないこと。これが軸になっている。鶴梅は6年をかけて、3億円に伸ばした。当時は梅酒ブームもあったから、極端な話、3年ほどで10億円近くまで売り上げを伸ばせたかもしれない。実際そのような酒蔵もあった。しかし、前述の通り、あえて得意先を絞り込んだ。

20年後も30年後も付き合えて、太いパイプでつながれると思う小売店にだけ流通させたのだ。爆発的に売り上げを伸ばすには、おそらく、600~800店に卸すというモデルになるだろう。だが、平和酒造はその10分の1に留めた。確実に売れる量をつくり、小売店を60軒に絞ったのだ。

その結果、売り上げ規模は3億円止まりとなった。とはいえ「確実に売れる」ため、売り上げは落ちない。どれほど落ちないかといえば、8年前にピークを迎えた梅酒は現在、市場全体として売り上げが縮小している。つまり、10億円規模まで伸ばした他社は梅酒の売り上げが軒並み減っていて価格競争まで起こっているが、平和酒造の売り上げは、梅酒ブームが去った今も減ってはおらず、値引き競争も全くない。

万が一、今後売り上げが落ちたときには、取扱店を増やせばいい。これは60軒だからこそできる対策だ。もし600～800軒で扱っていたら、増やそうにも、取引ができる酒店がない。

高成長を目指した蔵は、売り過ぎてしまう傾向にある。これが落とし穴だ。

さらにブランディングの視点からいうと、飢餓感があったほうが消費者のニーズを維持できる。どこの店舗でも簡単に手に入る状態だと、一時期は、ああ人気の商品だなということで手に取られるが、数年もすれば飽きがきてしまうだろう。

## POINT 個が立つ組織 5 ヒット商品よりロングセラー商品

## 低成長モデルは成功確率が上がる

低成長モデルで、年数をかけるメリットは、成功確率が上がることだ。つまり、時間をかけて自分たちの酒造りを大切にしながら、消費者に合ったものづくりをしていくことができる。品質上、時間をかけてブラッシュアップしていくことができることは大きい。仮に、品質の向上のために経費を年間300万円ずつかけたとして、8年かけるとしたら、経費だけで2400万円をかけられる。

4章で開発経緯を説明するクラフトビールも、まさに同じ戦略で、担当した社員には、初期から儲けに走らないようにと伝えてきた。我々のミッションはいいビールをつくることのみだ。初期投資の部分を回収するのは、平和酒造が技術を有していい酒をつくれるという評判が立ってからでいい。いい酒であれば、支持される。

もし初期から高成長を掲げていたら、無理が出ていたと思うし、ファンがこれだけ集まるということはなかっただろう。平和酒造の酒を買って嫌な思いをしたり、早く売ってやろうという精神性が伝わったりしたら、消費者は離れていってしまうのである。

新たな酒のブランドをつくるにあたり、珍しいネーミングを考えたり流通経路を変えたりと、革新的な手法をとっているが、それができるのは、ひとえに伝統やものづくりという幹を守り続けているからだ。蔵元である私の基本姿勢は、日本酒造りにメリットをもたらすことのない旧習は壊すべきだが、日本酒の価値を堅持するために必要な伝統やものづくり精神は守るということである。

平和酒造には、年月をかけて培われた独特の技術がある。だが、昨今の酒造技術の発展は日進月歩だ。少し前まで理論上説明がなされていなかったり、数値上で捉えられていなかったりしたことが、急に判明することがある。もし、最適な最新技術を取り入れたほうがより高品質な酒造りができるなら、たとえ伝統的な技術でも捨てるだろう。

ここでのポイントは、品質を高めるためには、古くからの技術や工夫は捨てるが大量生産のために捨てることはしない、ということだ。

一方で、平和酒造がよその蔵からわざわざ取り入れた古き良き手法がある。その1つが柿渋の活用だ。

柿渋は、渋柿を潰して果汁を発酵させた塗料で、柿のタンニンが膜をつくる性質を利用し、平安時代から使われてきた。

酒造りが終わった春、平和酒造では、酒造りを担当する蔵人《くらびと》が全員で蔵の内壁に柿渋を塗っていく。半年間使い続けた蔵の壁は疲弊しているため、柿渋を新たに塗り、次に備えるのだ。

平和酒造では、ペンキなどの化学塗料を使用せずにあえて柿渋を使うことにしている。塗りたては独特の臭いがするものの、一カ月で消え、蔵の湿度を適正に保つ効果がある。これが、温度と湿度に左右される酒造りに絶妙な効果を発揮するのだ。こうした実利の他に、柿渋を塗るという行為によって、酒造りという仕事の伝統の味と美しさを蔵人たちに実感してもらう目的もある。

こうした「古き良き手法」は守る。しかし、「ただ古い手法」にこだわるつもりはない。だからメリットのないもの、あるいは弊害と思われる旧習は思い切って壊してきた。特に組織づくりにおいては大胆に実施した。

中でも、季節雇用の廃止と杜氏依存の酒造りの見直しは大きかった。これらを手がけた結果、「個が立つ組織」に大きく近付くこととなった。

## POINT 個が立つ組織 6 「ただ古い手法」は捨てる

蔵の壁や柱には、渋柿を潰して果汁を発酵させた柿渋を職人の手で塗る

# 第2章

# 倍率1000倍企業の人づくり

## 営業社員よりも本音のＳＮＳ

平和酒造に営業担当の社員はいない。代わりに、消費者や業界の関係者に日本酒を知ってもらうようなイベントや試飲販売などの場には、酒造りを担当する蔵人に出向いてもらっている。これは蔵人が自分の造った酒を説明するという研修的な側面と、第三者の言葉で本人がモチベーションを上げたり、あるいは気づきを得て現場で生かしたりするメリットがある。

そして今、平和酒造のファン増加に奏功しているのが、社員によるＳＮＳの発信だ。ほぼすべての社員たちが、それぞれ自分の担当する仕事の進捗状況などを、ツイッターやインスタグラム、フェイスブックなどで伝えている。

例えば、酒米である山田錦の栽培を手がける柿澤さんは〝田んぼ担当〟として、稲の話をこのような感じで逐一更新している。

２０１９年８月19日の投稿より

【山田錦栽培日誌78日目】

イェーーーーーーーーイ!!!!!

出穂し始めました〜〜〜!!!!!

この気持ち!!だれかに!!!伝えたい!!!!!!!!

生まれてきてくれてありがとう〜〜!!!!!!!???(原文ママ)

投稿内容は見ての通り自由だ。社員に一切を任せており、タブーはない。

以前、こんなことがあった。柿澤さんが悲痛な顔をしてこう言ってきた。「田んぼで稲がイノシシに食べられました……」。話しながら状況を思い出し、今にも涙がこぼれそうだ。そこで私は冷静にこう伝えた。「いいじゃないか、この情報をツイッターに上げよう、お客さんにとってはすごく気になる話だから」。

SNS発信が最終的に集客につながることは重要だ。基本的にはポジティブな内容だけを伝えたくなる。だが、消費者が知りたいのはものづくりや仕事のストーリーなのだ。ただ単に「山田錦の稲を植えました、育ちました、収穫しました」ではなく、成果を得るまでの過程を知ることに情報の価値がある。「正直に失敗も隠さず上げたほうがいいよ」と社員にはアドバイスしている。見てくださる方々と楽しい経験や感動、苦労を共有することが大切なのだ。

私が毎朝一番にすることは、社員が思い思いに投稿したツイッターを、リツイートすること（フォロワーに公開し、共有すること）だ。

リツイートだけでも十分効果がある。平和酒造の社員一人一人の活動がつながって見えるのだ。つまり点ではなく、それぞれの個性ある社員が一体となった面であり、組織としての姿を伝えることができる。ツイッターを利用した情報発信は、個と組織が共に存在感を放つ、現代の有効なツールなのだ。

実は以前は、社員たちにホームページやブログ、フェイスブックなど、会社の公式アカウントを通じて情報発信をしてもらっていた。だが、会社の公式となると、配慮をした表現になったり遠慮したりで更新が滞るなど、うまく機能しなかった。会社という看板を背負うことを、あまりにも恐れていたのだ。

そこで、個人として好きなものを上げるという方法に変えた。平和酒造の社員がおのおの担当しているのは基本的に好きな仕事だ。その仕事について発信すること、そして場合によってそれが称賛されることは、素直にうれしいはずだ。また平和酒造のファンにとっては、公式アカウントで表向きの情報を見るよりも、リアルな現場の様子や社員の思いが

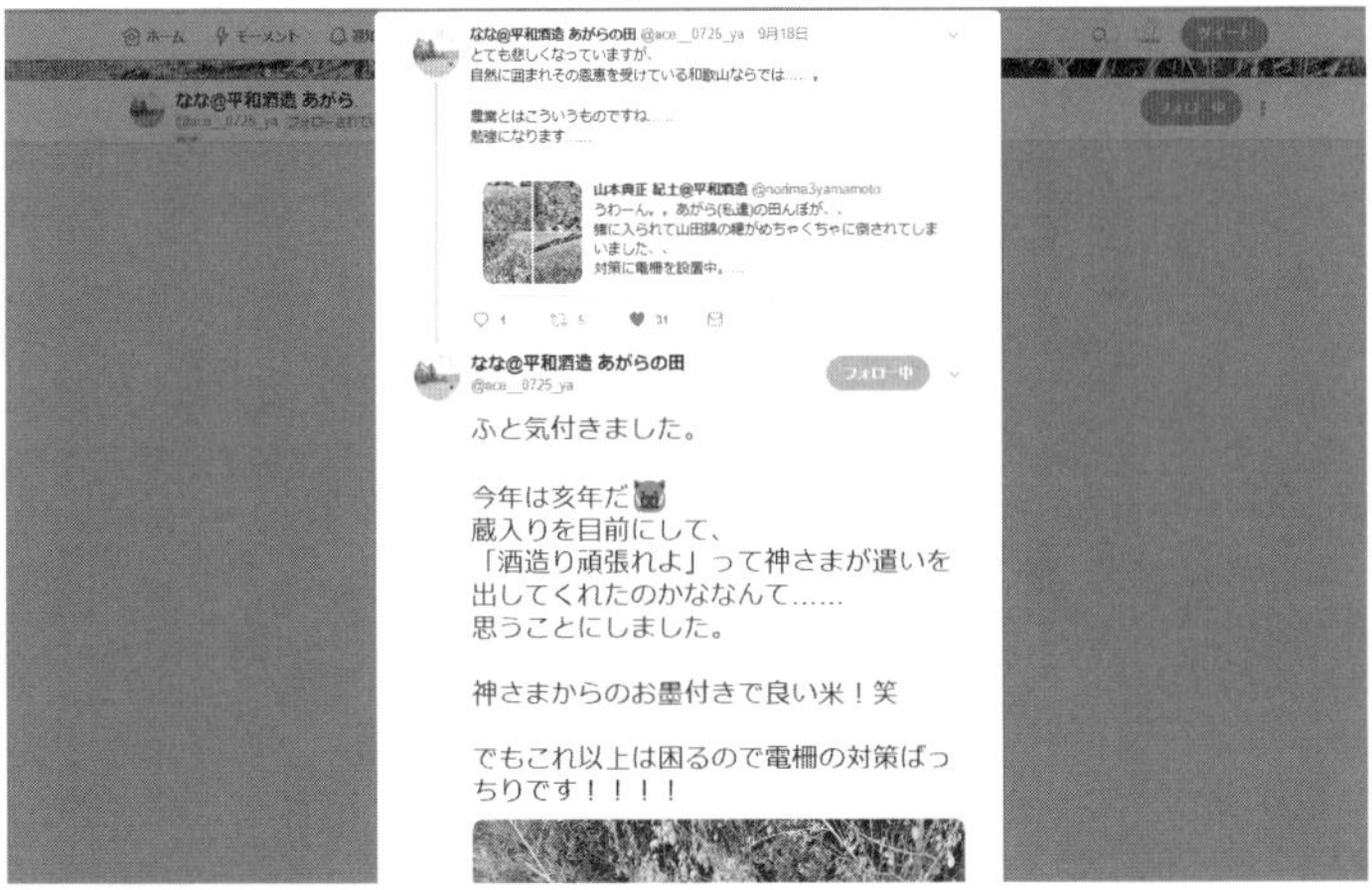


イノシシに荒らされた田の様子をツイッターで報告

田んぼ担当の柿澤さん

分かれば、チェックすること自体が楽しみになるだろう。

こうして投稿の回数が増えるとともに、フォロワー数も増加した。最近は、イベントなどで社員が「〇〇さんですか」などと声をかけられることも多くなっている。

フェイスブック、ツイッター、ユーチューブ、インスタグラムとそれぞれ特性が違う。例えば平和酒造では、フェイスブックは商品やイベントなどの情報発信に、動画は主にイベントでお客さんが経験したり楽しんだりした様子を伝えるために利用している。インスタグラムでは発売した酒の画像や生き生きとした酒造りの作業姿などをアップしている。

このように社員が「個」として思いのままを伝えていくSNS発信は、どの会社でもできるはずだ。例えば、ネジ工場のネジを作っている〝おじさん〟のネジに対する思いでも、ネジの魅力や仕事のこだわり、情熱を伝えられればフォロワーは集まるだろう。本人にとっては当たり前になっている業務内容でも、意外にコンテンツ力や情報発信力が高いものなのだ。独自の情報を手軽に拡散できる現代の有効手段として、社員個人の発信を活用しない手はない。

# 社員の個性を伝える

## 初任給130%に

私の目から見ても、平和酒造は非常に社内の雰囲気が良くなってきている。理由の1つは、業績が低成長ながらも継続して伸びていること、そしてそれに伴い、福利厚生や給与水準が上がっていることが挙げられるだろう。このような状況が続けば、社員の会社に対する信頼が生まれてくる。後述するが、私が平和酒造に戻った時は、社員の会社への信頼度は非常に低かったのだ。（それは社員たちが与えられている環境以上に、これまでの経営者のふるまいへの不信感であったようにも思うが）。

この15年間、低成長ながらも成長を維持したおかげで、売り上げは倍になり、多少のデコボコはありつつも増収、増益基調となった。そして、社員の給与を上げたり、ボーナスを増やしたり、福利厚生を良くしたりすることができるようになったのだ。

私が戻る前は新卒の初任給が16万円だった。それが、現在は21万円だから、約130％になっている。パート社員の時給も、760円から、約140％の1080円ほどに上がった。一度の上げ幅は大きくないものの、毎年継続して上げてきた。

給与や福利厚生などは、水準を一度上げると下げるのは難しいといわれる。しかし、経営者自身が将来への成長性を信じられれば、躊躇なく上げていけるものだ。3〜4章で述べていくが、平和酒造は、目先の利益よりも、社員の成長に基づく持続的な会社の成長を目指す戦略をとった。その成果を見ながら、何より経営者の私自身が、将来の業績への安心感を持っている。

社員の間にも、これから会社はまだ伸びるという期待感がある。5年後も絶対に伸びている、という安心感だ。それが社内の前向きな雰囲気にもつながっているといえる。

平和酒造に売り上げ計画はない。長期的にざっくりとした売り上げ目標はあるが、少なくとも私が入社してから15年間、細かな「計画」なしで伸びてきた。それでも成長を続けられたのは、他ならぬ社員が成長しているからだ。

例えば､ブラック企業と世間を騒がせた居酒屋チェーンやアパレルショップ､牛丼チェー

ンなど、一時期、出店、出店で高成長を遂げた企業を思い起こしてほしい。彼らは大企業であり、高い成長性を誇ってきた。しかし、高成長したものの、末端の社員を働きアリのように扱い、給料や待遇はそれほど改善されてこなかったように思う。高成長が社員の労働環境の改善を意味するわけでないことは明白である。

私は社員一人一人の人生を、それぞれ輝くものにしたいと思っている。一年一年、共に成長できるようしっかりと育てたい。これは私自身が少々おせっかいな性格だということと、何より自分の人生を大切にしているから言えることかもしれない。

そしてこれが「人ありき」の低成長を選んだ理由でもある。社員たちの成長に即して、売り上げを拡大していくというのが、平和酒造のやり方なのだ。社員が自分の成長を感じ、業績が上がる、そして社員がまたやる気を出す、すると業績が上がる……人の成長と会社の成長がいい循環で回り始めるのだ。

## POINT 個が立つ組織 8 社員の成長を優先する

## ブラックボックスのない新しい関係

かつて平和酒造は、杜氏とその下で肉体労働をする季節雇用の蔵人を冬の間だけ雇い、酒造りをしていた。季節雇用者には、繁忙期の10月から3月と前後1カ月を加えた9月から4月まで、住み込みで働いてもらっていたのだ。ちなみに杜氏とは、酒造りの責任者だ。国家資格ではなく、酒蔵ごとに自由に選んでいる。

当時、経営者は酒造りの現場に立ち入ることはなかった。経営者の役割は、蔵人への報酬支払いと、職場および寝泊まりする場の提供、酒の販売だった。杜氏も蔵人も社員ではなく、請負契約で酒造りをしていた。そして、製造と販売が明確に分かれていたのだ。

こうした旧習のもとに、蔵のブラックボックス化は進んだ。

「社員と会社が一丸となる」ことを目指した私が平和酒造で最初にやったことは、製造現場である蔵への立ち入りだ。言い方を変えれば現場介入だった。

当初は蔵に入ると、杜氏も蔵人も、「一体、何をしに来たのか」と言わんばかりのいぶかしげな視線を私に向けた。寒々しい反応だった。

父の言う「蔵はブラックボックスだ」という言葉の意味が身に染みた。父の時代までは、緊急かつ重要な案件が発生したときか、あるいはお客さんを案内するとき以外は、経営者が蔵に立ち入ることは一切なかった。

経営者が蔵に入らずとも、杜氏に任せていればいい酒ができる。だから父は酒造りのノウハウについては興味がなかった。あえて知ろうとしなかったと表現するほうが正しいかもしれない。

こうして経営者である蔵元と、製造を担当する社員との間には、大きな隔たりが生まれていた。

平和酒造には12人の社員と11人のパートがいた。だが、入社以来、彼らの飲み会や小旅行に私だけが誘われないのが常だった。「行っていい？」と聞くと、「経営者側じゃないですか」と一蹴された。

象徴的だったのは、入社2年目に、社員のモチベーションを上げようと沖縄に社員旅行に行ったときのことだ。

最終日、先に精算を済ませようとフロントにいると「おはようございます」と社員の集まる声がした。そのまま会計を済ませ、見渡すと誰もいない。私に一言も言わずに全員がレンタカーで移動したあとだった。

ただの財布係なのだ。従業員との断絶感に寂しい気持ちになった。

一度に4人の社員の退職者が出てしまったこともある。残った社員に理由を聞いても「知らない」の一点張りだ。私にとって、こうした社員の教育と組織づくりは非常に大きな難題であり課題だった。中間管理職の杜氏やマネジャークラスも同じ態度だったからだ。私が怒っても、何も通じない。夜も眠れないほどに悩んでいた。

今振り返れば、彼らのこうした態度は当然だったと理解ができる。なぜなら、私は自分が見えていなかったのだ。経営者の息子とはいえ、20代半ばで社会経験が少なく酒造りについては素人だった。こうした弱みを周囲に見せないよう、必死だった。経営者である父とは経営戦略上であつれきがある、その中で社員からも信頼されなければならない。そう思った時にとった態度が、あろうことか「スーツ姿で意気揚々と出社し、経営者目線で意見を言う」ことだった。上から目線で話す「いけすかない奴」そのものだったのだ。

従業員は日々働くことができ給料がもらえればいいだけだった。東京のベンチャー企業から戻った息子がこの調子で「会社を変えたい、日本酒の酒蔵はもっと輝けると思う」などと声高に言い出しても、意味が分からないはずだ。

そういえばたった1度、従業員の飲み会に行った記憶があるが、気づけば古参社員から

「何様だ」と胸ぐらを掴まれていた。

こうした状況はこの後約7〜8年続いた。今でこそ「個が立つ組織」は社員全員のことを指すが、つい6、7年前までは、「個」が立っていたのは私だけだった。1章で触れた新商品開発は実は、私1人が考え進めていたものだ。「社長の息子」が言うから仕方なく社員は手伝ってくれたが、成功しようがしまいが、社員は我関せずという感じだった。

製造と販売の分離は、無責任さを共有できるシステムでもあった。つくり手は売り方に、売り手はつくり方に無関心でいられた。そして売れないときには互いのせいにし、それを相手には伝えずにいた。それでもやってこられたのは、日本酒を飲む習慣が日本人にあった時代で、つくれば売れる時代が長く続いたからだ。

しかし近年、消費者の飲酒に対する考え方や嗜好が大きく変わった。

消費者のニーズに応えるような酒造りをするにも、若い人たちに高いモチベーションをもって働いてもらうにも、何百年も前の雇用システムや組織のままでは無理だ。

近年になって、日本酒業界では「蔵元杜氏」という概念が生まれた。経営者が製造から販売までを担い、蔵元（経営者）が杜氏を務める。つまり、自分がつくりたい酒をつくり、それを求める消費者に自ら届けるものだ。今は、地酒の酒蔵の多くがこのスタイルをとっている。消費者のニーズを直接聞き、酒造りの現場にすぐに反映できるメリットもある。

だが、私は蔵元（経営者）であるが、杜氏ではない。これには自分なりの思いがあった。人と組織について考えた末のことだ。杜氏と蔵元は、トランプのエースとキングのようなものといえる。その両方を平和酒造の後継者である私が押さえてしまったら、蔵人たちのモチベーションはどうなるのか。私と思いを一つにして、高品質の酒造りに情熱を傾けてくれるだろうか。あくまで使われる立場でのモチベーションで終わるのではないか。

蔵人たちはどんなに頑張ってもクイーンやジャックにしかなれない。最初から上がりはナンバー3と決まってしまう。蔵人たちから希望の芽をつみとることになる。

既に若手の杜氏候補も育っていた。彼の可能性を奪うようなことをしたくない。彼の背中を追う若い蔵人たちの将来のためにも杜氏というポジションを残そうと考えた。

蔵元と杜氏が同じ方向を向いてさえいれば、それぞれ必要な場で役割と個性を発揮できるはずだ。杜氏の肩書は、ある局面では蔵元よりも重い。どんなにけげんな顔をされようとも、平和酒造ではブラックボックスのない蔵元と杜氏の新しい関係を構築しようと決意した。

POINT 個が立つ組織 9 社長と社員が同じ方向を向く

## 通年採用を開始

最初に手がけた変革は、季節採用をやめ、通年採用にすることだ。理由の1つは季節労働者の高齢化が進み、このままでは立ち行かなくなると判明したこと。そして、もう1つは新卒採用を開始するためだった。

それまでは、酒造りは季節労働者、それを売るのは社員という役割分担だった。それを根本から変え、自社の社員だけで酒造りの一切を手がける「社員蔵人制」にしたのだ。

だが、社員を増やしたところで、仕事が少ない夏場に何をするのか。

その答えは新しい商品開発だった。

商品開発で最初に梅酒を手がけたのは、梅酒造りが夏場の仕事で、通年雇用にした際に、仕事ができるというメリットもあったからだ。また、蔵人たちに夏の間は試飲販売会など販促の担い手になってもらうこともできる。

こうして２００５年に平和酒造は新卒募集を始めた。最初の2年間は、高卒を採用した。というのも、当時の私は高卒で働こうという人たちに対して思い込みがあったのだ。「大学に行きたくても家庭の事情などで機会に恵まれなかったのかもしれない。早く世に出て働こうというなら、ハングリー精神にあふれているに違いない」。戦後から高度経済成長あたりまでは、確かにそのような実態があったかもしれないと上の世代から聞いた。

今はそうした高校生はほぼいない。平和酒造の採用で縁のあった新卒の高校生には、少なくとも1人も見あたらなかった。考えてみれば、不景気とはいえ、飢えることのない日本で、10代の若者にハングリー精神など期待するほうが無理な話だ。

「とりあえず就職しよう」という程度の動機で応募した高校生たちだった。

高校の新卒採用の慣習にも問題がある。大卒と違い、一人一人が就職活動をするのではなく、企業は募集広告を高校に出す。高校側は、成績順に就職先を振り分ける。

大企業には成績優秀な高校生を割り当てるのだ。そこには規模を尺度とした厳然たるヒエラルキーがあり、平和酒造のような小さな会社を割り当てられた高校生は、「自分の成績だったらここでも仕方がないか」といったネガティブ思考で試験を受けに来ていた。

「勤労意欲の高い蔵人を一から育てよう」と燃えていた私だったが、空回りしたと悟ったのは、2年間で6人を採用した後だ。当時高卒で採用した全員が、既に平和酒造にはいない。

大量の離職を生み出し、仕事に支障を来したのはもちろんだが、何よりも、一人前の蔵人に育てようと楽しみにしていただけに突然、経営者としてのNGを突き付けられたショックは大きかった。現場に与えた混乱、ダメージ、新入社員を教育したコスト、失ったものすべてが私の至らなさからだと感じた。精神的にはかなりタフだと自分では思っているが、この時は睡眠障害に陥るほどだった。

## POINT 個が立つ組織 10 「社員」がものづくりを手がける

## 共に考え行動できる人材

高卒がだめなら大卒を採用しようと考えた。

社長だった父に相談すると強く反対された。後で聞けば、大卒者、それも新卒者を雇うことの重みに躊躇したのだそうだ。

しかし、優秀でない人をわざわざ採用するのは、未来を見据えた場合には好ましくないと私は考えた。手を抜いた採用はしたくなかった。

何より、共に考え、共に行動できる人材を採用したかったのだ。父とは長時間の言い争いに近い議論の末、最終的には私が押し切って、大卒の採用計画を進めることになった。

地方の酒蔵としては珍しいが、就職情報サイトで募集をかけることにした。コストはかかるが優秀な人材が一人でも見つかればその価値はあると思ったからだ。とはいえ、正直、和歌山の酒蔵に大学生が応募してくるのかどうか半信半疑だった。しかし、その不安は外れた。

初年度から、日本全国の大学生2000人が応募してきたのだ。

なぜ2000人もの応募があったかを自分なりに分析すると、いくつかの要因がある。

まず、就職氷河期で、正社員募集が少なかったこと。またリーマンショックの直前で、企業の業績も傾き「派遣切り」や正社員になれない「ニート問題」といった言葉が生まれていた。さらに当時は、酒蔵のような伝統産業にある企業が、就職サイトで大々的に正社員を求人するケースが極めて少なかった。小さな酒蔵に限定すれば、通常はハローワークでの募集に終始し、就職サイトを活用したのは、平和酒造くらいだったと記憶している。

募集サイトの掲載内容も工夫した。こだわりのものづくりをしている伝統産業であることを強調しつつ、これから一緒に日本酒業界を変えていこうという強い思いとエネルギーが伝わるような写真や文章を掲載した。

大学名を見ると、国立大学が多かった。大学院修士課程の学生も含まれていた。

こうして、2007年4月、大卒の新卒採用第1号が、平和酒造に入社した。以来毎年、同様の採用を行っているが、結果を見れば、九州大学、三重大学、宮崎大学など、地方の国立大学出身者が多い。

なぜ地方の国立大学なのか。恐らく、酒造りという仕事と相性がいいのではないだろうか。それもウイスキーでもビールでもなく日本酒を選ぶメンタリティーが、地方の国立大学を選ぶ若者のメンタリティーと一致するからではないだろうか。もしかすると都会的な派手さよりも、地道な仕事を好む傾向があるのかもしれない。

なお、現在のところ、大卒採用者で和歌山県の出身者は2人だ。

出身県の酒蔵への就職は、ふるさとでの就職である。大学新卒の採用を始めた頃にエントリーシートを読んでいて感じたのは、地元出身の志望者は皆、似たような志望動機だ。「和歌山が好きなので、平和酒造の一員となって地元に貢献したい」

もしかすると、他の酒蔵なら、この志望動機で不合格にすることはないだろう。それどころか歓迎かもしれない。だが、残念ながら平和酒造は、和歌山が好きな若者を採用したいわけではない。酒造りに人生をかける若者であり仲間を探しているのだ。

ここ数年で、最終選考に残る和歌山県出身者が増えている。ふるさとでの就職というよりも、「平和酒造」で働きたいと話す意識の高い学生が多くなってきたのだ。

恐らく平和酒造の活動や販売拡大に伴うブランド力が上がってきたからではないだろうか。来年も新卒で一緒に働きたいと思う人が入社してくれる。私にとっては持続的な成長が大切なことを実感する事柄だ。

また最近は、私立大学からの卒業者のエントリーも増加している。その質も上がっている。私立大学の多くは、大手企業への就職を勧める。こうした中での平和酒造への応募、そして入社は、逆にこちらも力をもらう思いだ。

新卒採用には、後日談がある。２０００年代半ば、就職サイトを利用して大学新卒の採用を手がけたのは平和酒造だけだった。だがこの取り組みが先行事例となり、２０１５年頃から、大学新卒採用を行う酒蔵が10～20社に増えている。

だが、せっかく就職してもすぐに辞めてしまう人も少なくないようだ。大切なのは募集した後の、受け入れ態勢である。例えば人材育成について、私の父の代には入社3年目頃までは、下働きのみをさせられていた。平和酒造での1年目の仕事は、酒造りに使う布の洗濯や、タンク洗い、その他、掃除全般だった。若手従業員は、技術を伝えても数年で辞めてしまうかもしれない。だから、下働きをさせて「我慢して先輩の言うことを聞き続けられる人間か」を試していたのである。

しかし現代の若者は、自己実現できる会社かどうかを重要視している。我慢比べを許容できる世代ではない。こうした新入社員を受け入れる組織態勢が整っていない場合、すぐに辞めてしまうことも多い。

POINT 個が立つ組織 11 同じ志を持つ仲間を得る

## 求める人材の3条件

私が考える採用の条件は3つ。

1つは、平和酒造の取り組みに、強く共感できること。

2つ目は、地頭が柔らかいこと。新商品開発、販売、社内外でのコミュニケーションには地頭の良さがものをいう。

3つ目は、歯車にならない人であること。言い換えれば自発的に動けるチャレンジ精神の旺盛な人を求めている。一人一人が新しい事業を立ち上げたり、新しい企画を実施したり、日本酒のイベントを主催したりなど、チャレンジ精神のある人が、平和酒造の新しい風土をつくるはずだ。

人材の重要性は、前職の人材関連ベンチャー時代に学んでいた。平和酒造の存在感を高めるには、社員の「個」の力がどうしても必要だ。

これらの条件をクリアしている人なら、出身大学や学部は問わない。そして性別も問わない。労働人口が激減していくことが明らかな時代、女性が男性と同等に活躍する道をつくらなければ、会社は生き残ることはできない。

肉体労働の多い酒蔵としては異例かもしれないが、男性と女性を区別せずに採用している。入社後は、拘束時間も長いし、肉体労働も男性と同じようにこなしてもらう。たとえ重い荷物を運んでいる女性蔵人が私の目の前にいても、荷物を私が持つことはない。私には私の役割があり、彼女には彼女の仕事をしてもらわなければならないからだ。女性の筋力は男性に劣るから、その意味からすれば、男性より女性のほうが「肉体的つらさ」を感じるかもしれない。それだけに、むしろ酒造りへの情熱と精神の強さが、男性以上に要求されているといえるかもしれない。

平和酒造には現在、6名の女性蔵人がいる。全員が重要な役割を果たしてくれている。

**POINT 個が立つ組織 12 挑戦する人材を登用する**

## 1人200時間をかけて選考

毎年約1000人以上の学生からのエントリーがある。内定者をどう選ぶか。まず「とりあえずエントリー」した人を除くため、やや面倒なエントリーシートを提出してもらう。これは時間を費やさなければならない少々難しい課題について記述してもらうのだ。他にもいくつかの「振り落とし質問」に答えてもらい、1000人から50人ほどに絞る。その後、この50人には全国から平和酒造まで来てもらい、1人ずつ面談と適性検査を受けてもらう。

最も時間をかけているのが、面談だ。これを言うと驚かれるが、志願者には4、5人の社員と1対1の面談を受けてもらう。1人につき、2、3時間だ。

最終面談は私だが、私を除いても4、5人と会ってもらうのには、理由がある。

志願者の多くは酒造りという仕事に夢を持っているが、それがうっすらとした憧れなのか、それとも本気なのか、志願者自身も曖昧だ。それを認識してもらうことが必要だ。そのために、平和酒造で働くということがどんなことなのか、ダイレクトに現場社員の言葉で語り、質問もしてもらう。

平和酒造の社員たちと

「酒造り中は肉体的に結構きついよ」

「田舎だから洋服とか簡単に買いに行けないよ」

「コンビニとか歩いて行けなくて不便じゃないですか」

ネガティブな話も必ずしてほしいと社員には伝えている。入社後の生活が具体的にイメージできるようにするためだ。労働条件や給与体系など、すべてを包み隠さず話す。現実と志願者が思い描く理想とのギャップが大きければ入社しないほうがいい。

複数回の面談をするもう1つの大きな理由は、社員に「一緒に働きたい」と思う人材を選んでもらうためだ。一日の大半を共に過ごす相手が、どういう人なのか。これはある意味、取引先を選ぶよりも、私にとっても社員にとっても一番重要なポイントになる。隣同士で働く仲間とは「あなたのことを信じているし、仕事を任せていくし、悪いこととかはしないでしょう」と互いに言える組織でありたい。

2000人の応募があっても内定者が1人しかいない年も多い。2000分の1、を選ぶために要する時間は延べ200時間以上だろう。なんと非効率かと思うかもしれない。しかし、私は個が立つ組織のためには必要な時間とコストだと考えている。私は性善説に基づいた組織づくりをしたい。同じ目線、同じ志で歩む人であれば、入社後に安心して仕事を任せられる。逆にそこで疑わなければいけない人であれば確認作業や方向性のすり合わせを都度行わなければいけない。

要するに入社前に時間をかけるか、入社後に時間をかけるかの違いなのだ。

**▶▶POINT 個が立つ組織 13 入社前の納得感を高める**

## 幹部社員の教育不足

平和酒造に入って間もなく、私は従業員全員と面談をした。するとその多くが仕事や会社に強い不満を抱いていることが分かった。

しかも、何か提案はあるかと聞けば「休みが少ないのが問題です」と答え、仕事のやり方を改善する手法を提案すれば「私もこんなふうにはやりたくなかったんですが、（父である）社長の指示で」と人ごとのように答える。

仕事に対して「酒造りはきつくて嫌だ」という負の感情を持ち、会社に対して「こんなに働いているのに割に合わない。こき使われて働かされている」という不満を抱えながら働いていた。

経営者にとっても社員にとっても不幸な状態だ。「何が原因なのだろう」。2、3年試行錯誤しながら考え続けた。そしてある時、原因が見えた。

社員の不満を聞いたマネジャーが、こう答えている事実を知ったのだ。

「専務（私のことだ）は、ああいう性格だから」

「辞めるときは、直接経営者に言ってくれ」

何をどう考えるかは社員本人の自由だから、マネジャーであっても自分はそこまで立ち入ることはしない。個人の進退は上長の自分には関係なく、本人と経営者側の問題だという認識だった。

本来、幹部は現場のリーダーであると同時に、会社と社員の間に立ち、働きやすい環境をつくって会社の業績を支える立場にある。だが、マネジャーは、現場社員と同じ立ち位置だった。幹部としての自分の役割が分かっていなかったのだ。

すべてが見えた時、この事態は個人的資質の問題ではなく、平和酒造がマネジャー教育を怠っていた結果だと受け止めた。

さかのぼれば、経営陣であった私の両親は、幹部への期待を最初から捨てていたのだ。「そんなことを言っても、彼らも雇われだから」。私は試行錯誤するたび、父母からこの言葉を言われていた。

蔵のリーダーである杜氏も、いわばマネジャー職だ。他の業種では現場の責任者をマネジャーと呼ぶのは普通だと思うが、杜氏をマネジャーなどと呼ぶのは普通ではない。蔵においては、従来、杜氏は酒造りができればそれでいい、というのがこれまでの考え方だった。

そのせいで蔵がブラックボックス化し、杜氏の高齢化や季節労働者の減少という現実を前に、競争力を失い廃業せざるを得なかった酒蔵がどれほどあったか。

当初、私の意識の中では、新入社員教育に8割、幹部教育に2割の力を費やそうと考えていた。それは優秀な新人社員への期待と、彼らに平和酒造を変えてほしいという願いだったが、それを真逆にする必要性を痛感した。

要するにまず、新人を受け入れる環境づくりが必要だということである。

POINT 個が立つ組織 14 幹部の役割を明確にする

## 下から上への情報ルートをつくる

ものづくりのリーダーとしては有能であっても、組織のマネジャーとして機能しない杜氏に頼りきっていればどうなるか。これまで、後進の指導にあたるなどという人材教育は杜氏の頭にはない。唯一技術を持った杜氏が働けなくなれば、それまで積み上げてきた酒造りの技術も失われることになる。

平和酒造の酒造りは、今後絶対にそのような状態にはしたくない。私はその決意で組織づくりに臨んだ。

杜氏の意識改革と同時に急務だったのが「上意下達」による情報や意思決定の流れの見直しだ。組織の中で、上から意思決定していくトップダウン型の流れは必要である。しかし、それが硬直化し、組織の指示を受ける人が脳死状態で働く、もしくは現場で起きている問題点が意思決定の場にあがってこない組織は最悪だ。

トップの者しか考えない状態になり、一人の人間の情報と知識の中だけで意思決定が行われる。杜氏中心の酒蔵は、まさにその状態だった。

職人の世界では上の人間の指示が絶対であり、それに従わないということはありえない。別の言い方をすれば、上の指示がなければ動けない。

しかし、仕事の問題の多くは末端の作業現場で露見する。上の指示がなければ下は動けないから、問題発生後はすぐに上に報告しなければならない。ところが実際、硬直した上意下達の組織では、上から下へは情報が流れても、下から上への逆流は難しい。そのせいで現場の問題や失敗が見えなくなっていた。

こうした状態は組織にとって致命的ともいえる欠陥だ。しかし、これまでの酒蔵では放置されてきた。平和酒造も例外ではなかったのだ。

杜氏がマネジャーとして機能してくれれば、ボトムアップの情報を吸い上げることができるようになる。組織の風通しはよくなり、優秀な若い蔵人が能力を伸ばすための環境が整う。最近ではＩＴ技術の発達で、即時的でフラットな情報共有もしやすくなっている。これもコミュニケーションに一役買うだろう。ＩＴツールによるコミュニケーションの円滑化については、違う項目で述べたい。

## POINT 個が立つ組織 15 上意下達の組織を変える

### 杜氏への再教育

平和酒造の現在の杜氏は、杜氏としては若く40代だ。平和酒造の新卒採用の第一号だった。実は新卒採用を最初に手がけたのは私ではなく、父である。私が高校生だった頃、勤続35年のベテランの杜氏がいたが、70歳を超えていたので次の杜氏を育てなければならなかった。そこで父が、ある意味社運をかけて多額の広告費をかけて求人をした。それに応募したのが現在の杜氏だ。

彼が入社した時、高齢の杜氏と蔵人たちが酒造りをしに平和酒造に出稼ぎに来ていた。そんな中、たった1人で社員蔵人第一号として放り込まれたのである。だから彼は、先代の伝統的な職人気質を徹底的に教え込まれた。今でも、昔ながらのゲンコツがすぐ飛ぶような杜氏がいる業界ではあるが、うちの前杜氏は優しい人だった。しかし、スタイルはやはり昭和の職人そのものである。

その結果、杜氏というものはお客さんと接する必要はないし、黙々と酒造りをしていればいいという考えになっていた。そんな彼からすれば、蔵人の育成など眼中になかったのも理解できる。

一方で彼は我慢強くタフで、負けん気が強い。「できない」「やらない」とは決して口にしない性格だ。だが私が蔵の中にずかずかと入り込み、「あなたには、マネジャーとして従業員全員をマネジメントしてほしい」と言った時、さすがに「マネジメントはするつもりがありません」と、断ってきた。

私が目指すのは職人気質を脱した酒蔵だった。伝統的な酒蔵のシステムを壊し、蔵人の全員が酒造りの技術に精通して仕事に誇りを持ち、そのまとめ役として杜氏がリーダーシップを発揮するような組織に変えるのだ。

一人一人の個性が生きる酒蔵に改革するため、新卒採用を開始した後、私は事あるごとに「アイデアがあったらどんどん杜氏や私にぶつけてほしい」と言ってきた。

ところが、これが大失敗に終わる。同じ時期に蔵人が次々と辞めていく事態が発生したのだ。また眠れない夜が続いた。ようやく原因と対策が見えてきたのは、それから5年もたった頃だ。私の「アイデアをぶつけてほしい」が組織内の軋《きし》みを生んでいたのだ。

若い蔵人たちは私の言葉通り、アイデアや意見を杜氏にぶつけてくれていた。ところが、そのような経験をしたことがない職人気質の杜氏にとっては、不愉快だったのだろう。無愛想に「そんなやり方はいらん」とはね返していた。もともと口数は少なかったが、先代に職人気質を仕込まれ、前社長に信頼されていたということが、彼の姿勢を強固にしてしまったようだ。

若い蔵人からすれば、何を言ってもぶっきらぼうにノーの言葉が返ってくる。上から下に対して言う「ノー」、それも度重なる否定の言葉には、発言者本人の意図以上の強さがある。

言われたほうは「言っても無駄だ」と何も言わなくなる。その結果、ますますコミュニケーションがとれなくなり、現場には閉塞感が満ちていた。そして、「意見も言えない、やりたいことをやらせてもらえない」と不満を募らせて辞めるということになっていたのだ。せっかく新卒採用で優秀な人を入れても、肝心の蔵の中がこのような状況では、優れた人ほど去っていく。

そこでまず、杜氏とじっくり話すことにした。その中で分かったことがあった。そもそも私が信頼されていなかったのだ。だから従業員をマネジメントしてほしいと伝えても「できない」と返されてしまった。すべての原因は私にあった。その事実にがくぜんとしたが、何より自分の考えを理解してもらわねばならない。

彼の真面目さや誠実さを評価していることを話し、蔵の組織改革に協力してもらいたいことを粘り強く伝えた。また、彼が変わらなければ、せっかく始めた新卒採用も効果を出せないと説明した。何をどうしてほしいのか、それはなぜなのか。時間をかけて何度も面談し、丁寧に伝えるよう心がけた。

やがて杜氏には、最低でも月に一回、蔵人一人一人と面談してもらうことにした。蔵人との会話を通じ「どんな問題を持っているのか」「どういう希望があるのか」「将来どうしていきたいか」などを直接引き出してもらう。そしてそれをフィードバックしてもらうことにした。

外部からコンサルタントも呼び、新しい蔵の組織づくりを若い蔵人たちと一緒に学んで

酒造りだけではなく、人材育成にも注力する杜氏の柴田さん

もらった。杜氏には、現在でも月に2回は、コンサルタントのマネジメント研修を受けてもらっている。

## 利き酒研修の効果

「利き酒研修」は平和酒造で私が最初に始めた研修だ。当時の社員は、平和酒造の酒は飲むものの、他社の酒を飲む習慣のない人が多かった。自社の酒に集中することは良いことでもあるが、今後、新たな酒をつくるにあたり、本物といわれるいい酒の味を理解しているのとそうでないのとでは大違いだ。

そこで、「研修」という形でいい酒を飲む機会を増やすことにした。数万円の酒であっても十数人で分ければ、一人数千円で飲むことができる。

研修は勤務日の就業後に開催した。つまり休日を除き、毎日である。日本酒、焼酎、ワイン、ウイスキー、ビールなど最低30種を購入しテイスティングできるようにしたのだ。

例えば、メーカーであれば商品開発の担当者が、他社のリサーチのために試飲することがあるだろう。しかし、私は製造や営業など部署にかかわらず全員参加を促した。意図したのは調査のためではなく、「自分たちがつくっている酒を正当に評価するため」だったからだ。いい酒を知らなければ、いい酒のつくり手になれない。自分たちの酒だけを飲み、満足度を追求していては、どこまでいってもその域を脱することは難しい。だから、良い酒をたしなみ、「辛さ」「甘さ」などの数値だけでは表現できないトータルの酒の良さを理解できる感性を磨いてほしいと考えた。研修後は感想を書くことを課題としている。

さらに利き酒研修からは思わぬ効果を得られた。

入社当初は喜んで参加していた社員が皆、1年ほどたつと、研修に参加しなくなったり、利き酒をしても短時間で帰ってしまったりすることが増えた。利き酒が「業務」になり、楽しく飲めなくなってしまうのだ。

しかし2、3年すると、また積極的に研修に参加するようになる。義務感にかられた仕事ではなく、自分が取り組むべきライフワークとして、新たな意識でテイスティングに参加するようになるのだ。こうして研修が生活の一部になれば、社員の継続的な成長や気づきにもつながっていく。

一つの研修を、長い目で捉えて続けることにも価値がある。

POINT

個が立つ組織 16

# 研修で感性を磨く

# 第3章

# 個が支える新しい組織

## 情報開示とマニュアル化

酒造りにおいて、杜氏は絶対的な技術の象徴だ。「技術の域をどこまでも追求する」のが杜氏であり、別の見方をすれば自分の技術にしか興味がなく、ましてや人に自分の技術を渡すなどということは考えられない世界に生きてきた。

だが、優れた技術だからこそ、平和酒造の財産として、若い世代に伝え続けなければならない。それには、酒造りの技術の開示が必要だ。それがマニュアルの作成だった。

私は、杜氏にスキルのすべてを明かしてもらうことにした。だが、それは簡単なことではなかった。職人気質がまん延している組織では、「見て学べ」というスタンスが基本だったからだ。

「若い世代に酒造りを教えてほしい」と頼むと、「隠しているつもりはないから見て盗んでください」と言う。しかし、実際に若い蔵人が酒造りの心臓部分である麹室を見学しようとすれば「勝手に入るな」と怒られた。こうしたことが何度も繰り返されていた。

杜氏にしてみれば、自分は誰からも説明されずに見て育ったのだ。平和酒造の杜氏に限らず、職人は「若いうちは苦労しろ」と言うが、何のために苦労するのか、何について苦労するのかは教えない。本人たちも突き詰めて考えたことがないから、教えられない面もある。どこか根性論なのである。

杜氏には、マニュアル化が必要な理由として、私が今後築いていきたい会社の将来像の話をした。時間がかかったが、最終的には杜氏も納得してくれた。こうして杜氏の持つスキルのすべてがディスクローズされた。

マニュアルには、酒造りにとって肝となる麹づくりの水分量、温度経過、発酵管理、仕入れ先など、これまで歴代の杜氏たちが決して教えなかった日々のデータや、秘中の秘の技術（案外こうしたものが一番単純だったりするのだが）も含まれている。作成にあたっては、あえて私や杜氏ではなく、蔵人たちだけで文書化してもらった。

蔵人の立場からすれば、情報公開は必ずしも歓迎することではなかったかもしれない。「教えてもらっていない」などという言い訳をしにくくなり、責任も増えるからだ。

それに小さな組織では、情報共有にコストをかけるより、1人のリーダーの意思決定に他の人が従うほうが、パフォーマンスが上がるのかもしれない。それらをすべて承知の上で、杜氏の知識や技術は蔵人全員と共有したほうが、平和酒造としても得るものは大きいと考えた。情報共有しただけでは働き手にとっては何も変わらない。だが、その情報が蔵

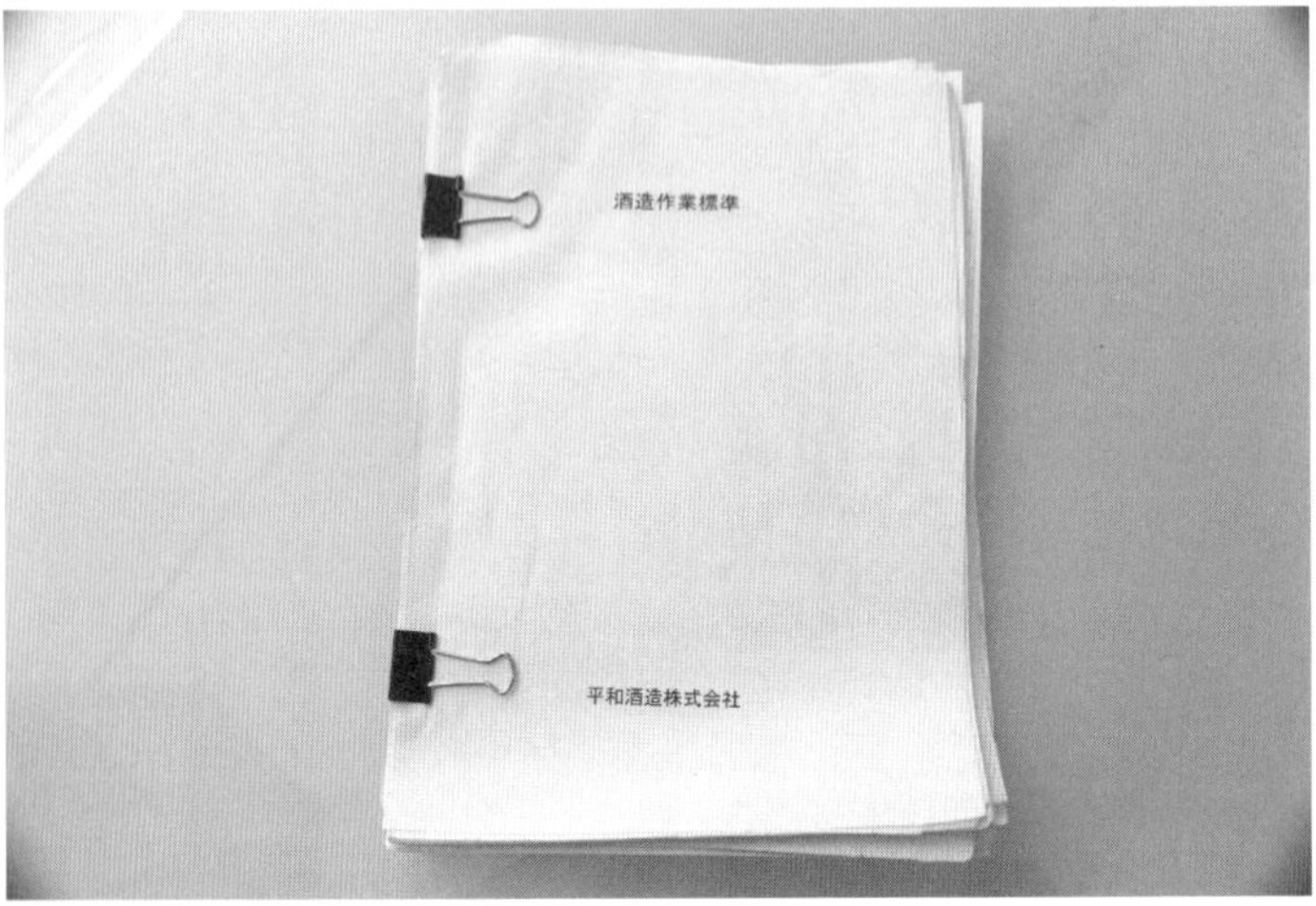


平和酒造の酒造りのすべてが書かれたマニュアル

人一人一人の成長にかかわってくる。

情報公開の目的は、技術の継承以外にもある。

私は若い蔵人たちに、自分が担当する作業の意味も目的も分からないまま、指示通りに動くだけの人にはなってほしくなかった。

おいしい酒はどうすればつくれるのかを、全員に考えてほしい。「よく働く」蔵人ではなく「よく考える」蔵人になってもらいたい。

例えば、朝、杜氏がすごい剣幕で「Aというタンクに水を持って行け」と言ったとする。怒っている様子だから急いだほうがいいのではないか、というのがこれまでの蔵人の理解だった。この場合、頭に残るのは杜氏の機嫌が悪くて怒られたということだけだ。

だが、「タンクに水を持って行け」という言葉の目的が、「朝のAというタンクの発酵が緩慢だから水を持って急げ」という指示なのだと分かれば、自分のせいではなく、タンクの状態による指令だと気づくことができる。働き手にとって自分の役割の意義が発生するのだ。つまり、働き手のやりがいにつながっていく。

これまでは、船長である杜氏は「右へ漕げ、左へ漕げ」と理由を説明せずに指示をすればよかった。しかし、船員を育てるには、「北西方向1㎞くらい先に大きなうねりがある

一人一人の社員が自ら考え、酒造りの腕を上げていく

から、右側を一生懸命に漕がなければならない」と漕ぎ手が自分で理解する必要がある。理由を船員が考えるようになれば、その船の航行は楽になる。「船長、左舷から受ける波がかなり高くなっているので思ったよりもバランスがとりにくい状況です」などと、役立つ情報を上げるようになるからだ。

杜氏が末端の現場までは把握しきれないこともある。それを理解した上で、「平和酒造はこういう酒が造りたいのではないか」と蔵人が自ら考え行動する。

そうなれば、杜氏も自分が必要なところで力を発揮できるし、蔵人のやりがいも増す。酒造りを通して個々の自己実現を果たす。平和酒造はそんな姿を目指している。

**POINT　個が立つ組織 17**

**技術をすべて共有する**

## 技術習得のための研修

もちろんマニュアルだけでは酒造りはできない。マニュアルに書かれたことは作業の基本となる軸でしかない。実際の仕事でそれぞれの社員が力を発揮してもらうために、研修をすることにした。大きく分けて3つある。

1つは、杜氏組合の研修だ。杜氏組合は明治時代からある労働組合で、かつては労使関係の調整役だったが、現在は技術研修や若手蔵人の育成に当たっている。平和酒造の杜氏と蔵人は全員がこの組合に所属し、夏に開かれる勉強会で学んでいる。これは岩手県で開催されるが、到着までの1400㎞の行程で、さまざまな酒蔵や小売店を訪問するのも醍醐味の1つである。

2つ目は杜氏による社内の研修会だ。杜氏が講師となり酒造りの工程について細かく教える。業務時間中は忙しくて伝えきれない詳細事項や理論を杜氏が説明する。その後、蔵人の疑問に答えるスタイルだ。杜氏と蔵人がコミュニケーションをとり、相互理解を深めるための研修でもある。

3つ目は、外部のコンサルタントによる技術論の研修だ。これは、私も含め社員全員が出席するが、終わった後は脳がパンクしそうになるくらいに覚えること、考えることが多い。酒造業界には営業面、経営面、そして製造面など各専門のコンサルタントがいる。特に製造面ではその特殊性もあり、コンサルタントの役割は大きい。多くのコンサルタントが酒類系の研究所や酒類鑑定官出身だ。この酒類鑑定官というのは国税庁職員で、もとは酒税を円滑に納めさせるために製造をサポートしようとしてつくられた職種だ。非常に多くの酒蔵を指導していたため、昔の杜氏たちと懇意であり、自ら酒造りの技術を身につけた人までいる。

これらの研修の内容は、杜氏の開示したスキルと合わせてマニュアル化し、全員に配布する。これを外に持ち出せば、平和酒造の酒造りがすべて分かってしまうほどの詳細なものだ。

マニュアルには、技術マニュアルと作業マニュアルの2種類がある。前者には、技術についての考え方や個々の作業の意味が書かれている。後者は、技術マニュアルを受けて実際に平和酒造にある道具をどう使い、どう作業をするかが記されている。道具のサイズまで事細かに書き込まれているものだ。

日本酒業界の低迷の一翼を担ってきたのは、上意下達の旧態依然とした組織と閉鎖性だった。日本酒という文化、酒造りという伝統を守るためには、こうした旧習を否定する勇気も必要ではないだろうか。

言うまでもなく、マニュアルだけで消費者に愛される日本酒を造れるほど、酒造りは甘くない。最終的には蔵人一人一人の熱意と現場での研鑽が必要なのは今も昔も同じだ。

## 自分のタンクを持たせる

蔵人の誰一人として歯車であってはならない、というのが私の考え方だ。

現在、平和酒造では、一定割合の日本酒や梅酒を若手蔵人に任せてつくっている。杜氏は相談に乗ることはあっても、口出しはしない。最初から最後まで、蔵人たちが自力でつくる。

これを「責任仕込み」と呼んでいる。かつては一つの酒造期に一人一本ずつのタンクを任せる程度だったが、今シーズンは多い蔵人では10本、少ない蔵人で5本は担当している。

これにより、誰が管理した酒がどのような仕上がりになったかが明確化され、一人一人が確実に技術を身につけることができる。皆でつくるのでは､受け持つ作業が固定化され、失敗したときの責任も曖昧になってしまう。「失敗しちゃったね、今度は頑張ろう」など

自分のタンクを責任もって担当する

と言い合っていては、「個」の成長はない。

この方式で酒造りをしてもらうと、蔵人たちの緊張感が違う。失敗してもペナルティーはないが、自分が失敗すればタンク1本分の損失を会社に与えるからだ。

その一方で、チームワークが必要な酒造りも経験してもらっている。タンク1本分を蔵人全員で管理するのだ。例年、タンク5本分しかつくっていない最高級品の中の1本であり、かつコンテストに出すタンクである。このときは役割分担をしながらも議論を行い、全員が一丸となって酒造りに臨む。

タンク1本には、一升瓶約2000本分の酒が入っている。一升瓶で2000円の商品ならタンク1本400万円に相当する。これを任せるリスクを大きいと見るか、小さいと見るかは意見が分かれるところだろう。しかし、任せなければ何も始まらない。私は、何も始まらないリスクのほうを恐れる。

実際、400万円のリスクは、大きな副産物をもたらした。蔵人だけでなく、杜氏にも私の覚悟が伝わった。杜氏が若手のアイデアに耳を傾け、それを自分の酒造りに生かすようになったのだ。

▸▸POINT 個が立つ組織 18 個に責任を持たせる

## 「感性」も明確化

平和酒造に戻って以来、私は酒造りの現場に足繁く通っている。製造工程や蔵人の作業内容を四六時中見守るだけでなく、面談を繰り返して、「本当にこれでいいのか」と問い続けた。また、他の酒蔵を見学させてもらい、平和酒造と照らし合わせた。その結果、他社のやり方のほうがいいと思えば、積極的にそれを取り入れている。

酒造りは、ひたすら精度を上げていく作業だ。それまで99%だったものを99・9%にする。それができたら99・99%にしていく。日々、技術と方法を確かめ、改善を重ねていくしかないのだ。

よその杜氏のインタビュー記事を読んでいたら、「最後は私の勘」と締めくくっていた。「自分がいなければ酒は造れない」というプライドなのだろうが、蔵元（経営者）はそれを読んでどう思うのだろうか、本当にそれでいいと思っているのだろうか、よその蔵のことながら疑問を抱いた。

食品業界では、技術の科学的分析が進んでいないところは、感覚に頼ったものづくりをせざるを得ない。菓子づくりにおいても「まわりが薄いきつね色になったら取り出し」「表面がカリカリになるまで」など、極めてあいまいな表現が料理本のレシピに書かれていることがある。

人によって持つ感覚が違うのだから、曖昧では意味がない。「薄いきつね色」も「カリカリになるまで」も全員が同じ状態として共有できていないのだ。（試しに複数の人で薄いきつね色のクッキーを焼いてみてほしい。全く違う焼き具合になるはずだ。）

曖昧な伝え方を良しとするのは伝統を守ることとは違う。

本当に伝統を守りたかったら、基本的な部分は誰がやっても同じ味が出せるようにしなくてはならない。

そこで私は、酒造りのプロセスをできる限り数値化し、再現性を求めてきた。

平和酒造の標準的な酒造りはどういう経過をたどるのか。最高においしい酒ができたときは、どの段階でどんなことが起き、それにどう対応したのか。1つの成功モデルをつくり、それを蔵人全員で共有している。しかし、これはあくまで標準である。むしろイレギュラーが現場では多い。そのイレギュラーに柔軟に対応するためにもマニュアルが有効なのだが、これはスポーツなどで言うフォームをまず固めるということの意味とよく似ている。

POINT 個が立つ組織 19 技術を正確に伝える

## 過度な緊張を排除

「仕事中は無駄口をたたくな」。父の時代は、仕事中の雑談を禁止していた。そして杜氏は口を利かないことによる緊張感を常に醸し出していた。これが昔ながらの職人の率いる現場の雰囲気だ。業務時間中だけではない。休憩時間も私語厳禁だった。休んでいるのに話しかけるなというのが理由だ。多忙な時期になればなるほど、会話は禁じられた。

しかし、和気あいあいとしたベンチャー企業で働いていた私にとって、ただでさえ仕事が忙しいときに、職場の雰囲気がピリピリしていては、余計につらいと感じられた。仕事で追い込まれていることと、職場全体に緊張感が走っていることとは別の話だ。そこで私は、社員たちがコミュニケーションをとりやすい空気をつくるよう努めることにした。

具体的には雑談を許容した。普段のコミュニケーションが成り立ってこそ、些細な疑問や提案が生まれたときにも言いやすくなる。これについては、現場の筆頭である杜氏の理解が欠かせない。そこで、まず杜氏と話し合った。

そもそも、大学新卒の社員を入れる目的は、新たな提案や事業を展開するためであること。彼ら若手社員は、業務に対して自分の思いを率直に語る傾向があること。それを受け入れ、共に考えていくことが平和酒造の将来に重要であること。

だからこそ、円滑なコミュニケーションを促進する雑談にも価値があると伝えた。また、杜氏の言葉や行動が社員に多大な影響を与えるため、立ち居振る舞いにも留意してほしいと説いた。例えば同じひと言でもしかめ面より笑顔で伝えれば、相手も受け入れやすいはずだ。これは都度、伝えていくほかなかったが、徐々に理解を得て、今では、和気あいあいとした職場に変わっている。

杜氏の柴田さんは今年で入社20年目だ。私よりも入社年次は5年先輩にあたる。今や平和酒造の組織改革や人材育成に欠かせない存在である。先代の時代から私の代へと大きな改革についてきてくれたが、今はどんな心境なのだろうか。

「入社したときから本気でおいしい酒造りをしていこうと思ってきた。その気持ちを絶やしたことはないが、以前は蔵人たちの気持ちが1つになっていなかった。それに気づかないほど、自分の酒造りだけに集中していたし、会話の必要性もなかった。私も無口なタイプなので、疑問を感じることもなかった。

息子である今の社長は先代とは違ったが、入社当初からおいしい酒をつくる点では共通していたし、そのやり方が違うだけなので、そこまで抵抗はなかった。とはいえ、身に染みついた仕事の仕方はすぐに直らない。

私が大きく変わったのは『近寄りがたい』という自己像を研修で突き付けられたときだった。もともと頑固で話すことは苦手だと自任していたが、下の者から怖くて話しかけにくいと思われていたのだと知り、急激に親しみやすい人になりたいと思った。これまで作業に集中していたが、大吟醸という一番いい酒をつくるときでも、質問しやすいように心がけるようになった。

意識してコミュニケーションをとるようになると、作業が非常にスムーズになった。

この経験で考え方が変わったと思う。

酒造りをマニュアル化して、若手も酒造りにたけてくるようになった。酒はチームでつくるものだ。新入社員が入ってきて、何も教えなければおいしい酒は生まれない。皆、いい酒を造りたいから1から10まで聞いてくる。1人より2人、2人より3人とかかわる人が増えるほど、感性の違いが面白い。私にとっては当たり前のことでも、若手にとっては珍しかったり興味深かったりするらしく、なぜ？と聞かれるたびに、新たな発見をさせてもらう。

蔵人にも個々の性格や特性がある。その資質を生かして担当を決め、ＰＤＣＡを回すことにもやりがいを感じている。

今は管理職としての仕事が約７割、酒造りが約３割だ。もっと酒を造りたいと思うこともあるが、私がやってしまうと下が育たない。一方で育っているからこそ、蔵の代表として会合や会食などに出席することが増えた。今は話すことに慣れてきた。日本各地の酒蔵さんとコミュニケーションをとれるのは貴重な機会だ。好きな日本酒を酌み交わしながら、新しい情報を得たり知らない世界を知ったりできることは楽しく、自分の幅が広がっていくのを感じる。また、新しい何かを生み出したいという思いが芽生える。

これらの場で素晴らしい経営者や関係者に会うようになり、非常に刺激を受けた。優れた人は、技術だけではない。人間としてもっと成長し、慕われ信頼される人になりたいと思っている」

## SNSでの情報共有

今、社内の連絡ツールで大活躍しているのが、メッセンジャーなど、気軽にメッセージをやり取りできるSNSだ。現在、営業的な業務に関するやり取りや、新規事業についての情報交換など、約20個のメッセンジャーが立ち上がっている。

こうしたITツールの活用により、忙しい中わざわざ集まって情報共有する必要がなくなり、おのおの業務時間を効率的に使えるようになった。現在、平和酒造での定期的な会議は月に1回、1時間のみ。部署ごとに3分間で進捗状況をプレゼンし、その後2分間で質疑応答をする。（もともと休暇日数が少なかったため業務効率化によるものだけではないが、以前に比べ休暇数も、20日間増やすことができるようになった。）

毎朝集まって伝達事項の言い渡しをしていたが、これもすっかりメッセンジャーに取って代わっている。社員と顔を合わせて元気かどうかを確認することは、集合せずともできる。打ち合わせは極力減らすのが平和酒造流だ。

SNS活用で一番変化があったのは、ものづくりの現場だった。コミュニケーションの必要はないとされた寡黙な現場だった。ところがメッセンジャーを取り入れたことにより、製造担当の間での情報共有も頻繁になった。先述の通り、業務時間中の会話を奨励したことに加え、SNS活用により風通しがさらに良くなったと感じている。

メッセンジャーの利点は、履歴が残ることだ。伝えたか伝えていないか、言ったか言わないかが明確だ。また、自分のタイミングで読んだり返信したりができるので、作業に追われているときに手を止める必要がない。現場の生産性向上にも一役買っている。

社員たちとの会話で、私自身が心がけているのは、どんな話の内容や提案であっても、真剣に向き合うことだ。そして、内容に対しては率直な意見を言うが、決して提案した人自体を非難することはしない。万が一、その社員の意見が通らなくとも、発言への感謝を伝えたり、アドバイスをしたりして、次の提案に続くような声がけをしている。

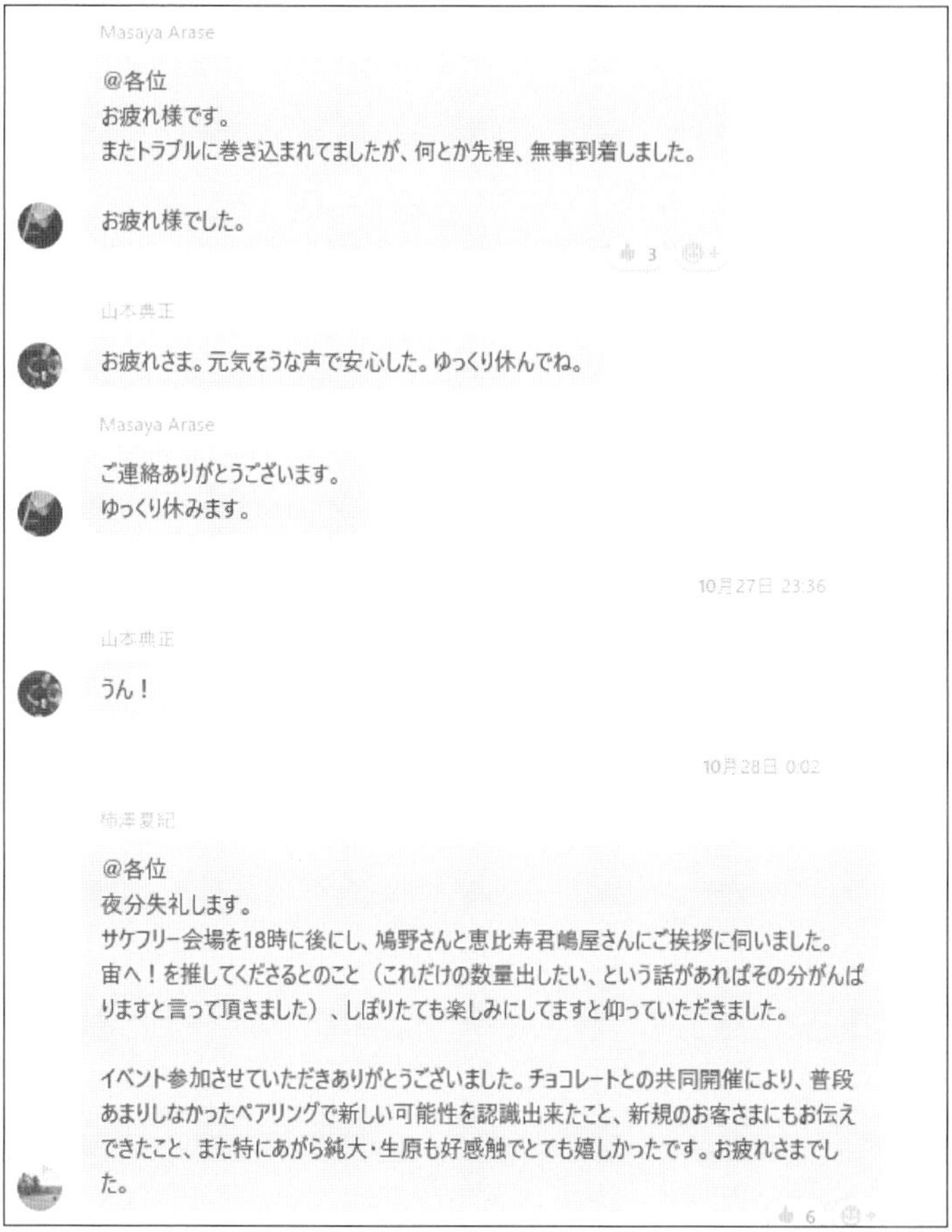
Masaya Arase
@各位
お疲れ様です。
またトラブルに巻き込まれてましたが、何とか先程、無事到着しました。
お疲れ様でした。
3
山本典正
お疲れさま。元気そうな声で安心した。ゆっくり休んでね。
Masaya Arase
ご連絡ありがとうございます。
ゆっくり休みます。
10月27日 23:36
山本典正
うん！
10月28日 0:02
柿澤夏紀
@各位
夜分失礼します。
サケフリー会場を18時に後にし、鳩野さんと恵比寿君嶋屋さんにご挨拶に伺いました。
宙へ！を推してくださるとのこと（これだけの数量出したい、という話があればその分がんばりますと言って頂きました）、しぼりたても楽しみにしてますと仰っていただきました。
イベント参加させていただきありがとうございました。チョコレートとの共同開催により、普段あまりしなかったペアリングで新しい可能性を認識出来たこと、新規のお客さまにもお伝えできたこと、また特にあがら純大・生原も好感触でとても嬉しかったです。お疲れさまでした。
6

メッセンジャーでコミュニケーションを円滑化。写真は営業メンバーと著者とのやり取り

POINT 個が立つ組織 20 現場の風通しをよくする

## 3年間で一通りの業務を習得

平和酒造では、入社後、3カ月ごとを目安としてジョブローテーションがある。現在、「畑」「瓶詰め」「ラベル張り」「事務所」「日本酒」「梅酒」「ビール」「営業」「情報発信」など14の部署とプロジェクトがある。これらをすべて経験してもらうのだ。

ジョブローテーション後は、社員一人一人の希望や適性を考慮し、担当を決めていく。複数の部署の仕事を掛け持ちすることも多い。

一通りの業務を経験させるには理由がある。まず、多角的に会社の業務と役割を理解してもらうためだ。誰がどこで何をしているのかを理解できれば、違う部署で働く段になっても、相手を尊重した上でコミュニケーションをとったり仕事を依頼できたりする。

また、平和酒造では、それぞれの担当が、「思い」を持って業務に邁進している。それぞれらに触れることで、積極的にチャレンジしていきたい、日本酒業界を変えていきたいというスピリッツに共感してもらえる人材を育てていく意味合いもある。

さらに公平感を養うためでもある。どんな会社にも、花形と目される部門と縁の下の力持ち的な部門がある。どちらの仕事も重要なのだが、多くの人は花形部門で働きたがる。その部門がなぜ花形かといえば、サクセスストーリーを顕示しやすいからだ。これに対し、成果が目に見える形で示しにくい部門には人気がない。

縁の下の力持ち的な部門でもプライドを持って働ける人間もいるが、多くはそうではない。会社にとって重要な仕事をしているにもかかわらず、「冷遇されている」「不公平だ」と感じやすい。

そうならないために、まずいろいろな部門を経験し、花形部門もそうでない部門も会社を支えているということにおいては同等だと理解してもらうのだ。

ジョブローテーションの期間は、社員の適性などによって、ある部門は長めに経験してもらうなど、臨機応変に期間を変更している。およそ3年間で一通りの仕事ができるようになるのが目安である。

ジョブローテーションは、昭和の時代に日本企業がよく使っていた教育手法だ。しかし、高い成長性を求められる時代になり、新入社員にも即戦力になることが求められ失われてしまった。長期の育成ビジョンがあるからできることだと思う。

POINT 個が立つ組織 21 花形部門をつくらない

## どう生きるか、どう働くか

5年ほど前から、若い世代の変化を感じている。自分が「どう生きたいか、どんな働き方をしたいか」という明確な意識を持っているのだ。

これはSNSの発達によるところが大きいのではないかと思う。学生時代には、SNSを通して、クラスメイトが週末に何をしていたか、どんな仲間がいるのかなどを知り、自分の生活や人生と比較しながら生きてきただろう。大学の先輩がどの企業に勤め、どのような仕事にかかわり、休日はどんなライフスタイルを送っているかも把握できる。

数多の情報を入手しながら、さて自分はどんな人生を歩みたいかと、模索してきた世代なのだ。大企業に勤めるだけが幸せなのか。給料が高ければ満足なのか。

彼らが就職するときには、「こんな人生を送りたい」がはっきりしている。自分の人生を重要視してきただけに、入社後の仕事に対する思い入れも強い。この仕事をしたい、何年後にはこうなりたいという願望を持っている。

こうした中、企業側の受け入れ姿勢が問われている。例えば旧態依然とした組織の中で、入社後1年間は下働きを強いれば、すぐに辞めてしまうだろう。早い段階で、その人の自己実現の方向性を出してあげられる会社でなければ、若い人材は残っていかない。

ただ希望通りに仕事をさせるのではない。さらに彼らの視野を広げてあげることも重要だ。なぜなら、まだまだ経験値が伴っておらず、狭い価値観の中で判断していることも多いのだ。これではもったいない。彼らの可能性を広げてあげるのも今の会社の大きな役割だと感じている。

**POINT 個が立つ組織 22 働く理由を考えてもらう**

## 安く働かせようからの脱却

少子高齢化の時代、地方から人が減っていることを強く感じる。平和酒造の位置する海南市溝ノ口は蔵の中に蛍が入ってくるくらい自然が豊かで、最近はキジが田んぼを歩けば、猿は民家の塀をよじ登っていたりする。そのような場所にいると、かつて昭和の時代にあった「地方であれば安く働かせられる人材が豊富にいる」という見方が全く変わったことが分かる。どういうことかといえば人がいないのだ。成長を続けている平和酒造では、高い時給を出すことで遠方からわざわざパートさんに通ってもらっている。地方で人件費を削り、廉価品をつくる時代はもう終わったのではないだろうか。

そもそも酒造業界にかかわらず、職人などに支払われている賃金が低いと思っている。日本にはさまざまな職人がいる。一子相伝で、この人しかこの道具は作れないということがあり、その道具に、感謝している人たちがいる。そうした職人の高齢化が進んでいるが、弟子が生まれないという話もよく聞く話だ。

だが、その職人になりたい人が多いかというとそうはならない。それは、職人に対しての正当な価値を支払っていないからだろう。田舎でも伝統産業の仕事が正しく評価され、豊かな暮らしができていると分かれば、やりたいと言う若い弟子が出るのではないか。

職人に対して、お金が支払われる構造にしなければならない。ただ給料を払うという発想ではだめだろう。例えばSNSなどを使って、職人自身が情報発信をして、仕事の価値を社会の人に知ってもらう必要がある。

ODA（政府開発援助）などの際に話をされることと同じで、魚をあげるのか、魚の獲り方を教えるのかということだ。伝統産業も高い価値があることを社会に知ってもらうこと、そしてそれが認識されることが日本社会に良い、と知ってもらうことが大事なのである。人が人生を決定していく上でお金の問題から離れることは難しい。やはりお金が集まらないところ、つまり付加価値をつけられないところに人は集まらないと私は思っている。

果たして、職人にいくら払えれば人は集まるのだろうか。一つのターゲットは一部上場企業の社員並みではないかと思う。そうすれば大学新卒の多くが就職先の有力候補として考え出すだろう。新卒で350万円くらいだろう。少し勤めれば早々に400万円台に上がっていく程度にしなければならない。東京など都会にお勤めの方は、「あぁ、なんだそんなものか」と思われるかもしれないが、地方の中小企業から考えるとなかなか大変なことだ。ちなみに現在、平和酒造は実現できている。これが可能になったのは、高付加価値品の販売と持続的な成長を実現できたからだ。

平和酒造も商品価格帯の変革を繰り返したので言えることだが、高付加価値で高粗利の商品を売るためには時間がかかる。平和酒造の場合は廉価品から高付加価値品に転換し始め、その商品が会社の柱になるまでに5年以上の歳月がかかった。そのような商品が売れると十分な内部留保が出来始める。そして人にお金をかけなければということになる。それまでは、安く働かせようという発想だったのが、ガラッと変わり出す。

恐らく地方の中小企業では今後平和酒造と似たようなことが起こるだろう。正社員が10人程度だが、全員が一部上場起業以上の報酬水準で、かつやりがいがある、そんなビジネスモデルが地方に増えるのではないか。地方発のスーパーエリート集団のようなものだ。人がいないという環境要因が、逆にそのような会社を生むのだ。

「年収面で上場企業に引けはとらないですよ」と言える会社にすることは、経営者にとって誇りだと思うべきだろう。以前の経営哲学のように、労務費を削ることを経営手腕として誇る時代は終わったのではないだろうか。ある意味で、賃金水準は仕事に打ち込む人に対しての、会社としての姿勢を表す。「やりがいはある、だから努力はしてくれ。ただ、報酬はちゃんと払う」というのが、セットの時代なのである。

よく言われるやりがい搾取のような「やりがいはある、苦労はある、だけど報酬は少ない」が、極端な人口減の時代に立ちゆかなくなっている。

中小企業のメリットを感じる場面もある。うちのような小さな会社が報酬を与えやすいのは、評価がダイレクトで正確性が高いからだ。大企業であれば年次でしか評価をできないが、社員とトップの距離が近いために実際の努力やパフォーマンスに合ったものを与えやすい。

現在平和酒造では、短時間でダブルワーク的に働いてもらっている時給1万円程度の高時給スタッフが2名いる。どちらも外部にいたスペシャリストで、一人は情報発信で動画の作成やSNSの指導を、一人はIT的な業務改善を担ってもらっている。彼らはすべてフレックスでの勤務だが、彼らの生活スタイルと平和酒造でやりたいミッションをすり合わせると、こうした働き方になった。

今後は新卒で入った社員がそのような選択をする日も来るだろう。そうしたときに柔軟に対応できるのも小さな会社のメリットに感じている。

# 相応な対価を払う

## 平和酒造の賃金査定

平和酒造は、ゆるやかな年功序列、ゆるやかな実力主義の会社だ。この2つは相反するように思われるかもしれないが、簡単に言うと、年次が進めばそれなりに給料が上がるが、人によっては、実力で上がり幅が変わるということだ。

どのように実力を測っているか。例えば蔵人の場合、かつて季節労働で働いていた蔵人と同じ仕事をしていても、給料はさほど上がらない。

指示されたことをただやるだけではなく、そこに付加価値的な仕事が増えてきたときに上がっていく。例えば、アイデアを出したり、自分で工夫したり、もしくはお客さんとい い付き合いをしていたりといった行動が、査定の基準だ。

他の蔵の給与体系も、ほとんど同じだと思う。今、業界全体がそう変わりつつある。

一つ、平和酒造が明らかに異質な蔵と言えるのが、大学新卒採用をしている点だ。全社員が大学新卒だというのは平和酒造だけだろう。前著を5年前に出してから、このモデルを踏襲しようという蔵が増えている。

そうした意味では、平和酒造が先駆的に始めたことが、伝播している感がある。

**POINT 個が立つ組織 24 付加価値に報酬を払う**

## リーダーの役割

社員たちに「一丸となって」とは言うものの、現実的に組織の意識レベルに差があることは否めない。その差をできるだけ統一するのがトップの役目だ。逆に言うと、リーダーやトップにはそういう理念のある人がつかないと、こうした〝まだら模様〟を整えることは難しい。

これは人を増やすことでは解決しない。〝まだら模様〟を放置しておくのかどうかというジャッジメントが必要で、リーダーシップの話だ。

結局、組織においての意思決定がどういうふうになされているかということだ。

以前、中間管理職のマネジャーがあるジャッジをしたときに、現場の社員が心配になり「大丈夫ですか」とグループメッセンジャーで私に伝えてくることがあった。トップダウンで下したマネジャーの判断が、一番のトップである社長の私の考え方とずれているかもしれないという話なのだ。もちろん、面倒くさいからそれでいいと思っていた社員たちもいた。

例えば多少面倒なA案と楽なB案があり、私の案がAであったときに、マネジャーがB案を採用した。組織内でこういうことが多々ある。

そうしたときに、トップが「ここだけは守ってほしい」というところは、いつも目を光らせて、A案になっているかどうかのチェックをしなければいけない。そのためにリーダーが必要なのだ。

重要なのは、トップダウンの指示を要所でできるかで、ボトムアップだけでいけるのであればリーダーはいらない。リーダーに必要なのはトップダウンをどこの部分で出していくか、その案配だ。

最近の日本を見ていて、ボトムアップ指向が強すぎてトップダウンの妙が分かっているリーダーが随分減ってきたのではないかと感じている。日本人は、「和をもって尊しとなす」という国民性だから、皆で考えましたというような、ボトムアップ型というのは聞こえがいい。

皆で考えたからいい結論になったと思いがちだ。だが、リーダーは孤立するのを恐れてはだめだと思う。

プロジェクトを成功させようと思ったときには、リーダーがどういう理念を持っているかということを伝え、メンバーのモチベーションを高めながら進むことだ。リーダーシップというのは、ボトムアップだけではなく、リーダーのフィロソフィーを掲げることが、とても大事なのだ。

怖がられる必要はない。だが、孤独や孤立を恐れずに、それを受け入れるのは必要だと思う。先ほどのA案B案の抗争、これはよく現場で起きているが、そのときに少なくとも譲れない場面だけはトップ、マネジャー、現場がA案で通さないと、物事は決して成り立

コミュニケーションをとりながら理念をコツコツ伝えていく

たない。
譲れない部分に関しては、私は、改善するまで許さない。そのためには、作業に落とし込んだ指示の仕方をする。相手に決して「考えてよ」と言わないようにしている。例えば、絞って3週間以上経ったお酒が残っているとする。私はマネジャーに報告を促して、「それはひと月に2回、報告してくれ」という作業に落とし込むのだ。

**POINT 個が立つ組織 25 リーダーの理念を表明する**

## 個の暴走を抑えるリーダーシップ

個が立つ組織では、「個」を尊重した結果、「個」が暴走したり、スタンドプレーに走ってしまったりすることもある。自己主張ばかりを始める、あるいは自分の将来につながることばかりをして「はい、辞めます」などと言う社員が出るリスクが伴うのだ。または、自発性を逆手に取り、上手にさぼる社員がいるかもしれない。

これを未然に防ぐために、私は2つのことを大切にしている。

1つは、入社前の面談だ。2章でも触れたように、かなりの時間を費やし、「良い人」に入ってもらう。交通ルールや社則など、集団生活になぜルールが必要かといえば、社会の共通認識や常識的なことを破ったり、人を傷つけたりするような一部の不届き者がいるからだ。だが、そもそも不届き者やその予備軍を入れなければ、ルールを厳格化する必要はない。

つまり、入り口の部分で、性悪説ではなく性善説に基づいた組織づくりができるようにしておく。信頼できる人柄なのか、それだけではなく、平和酒造はどのような会社なのか、どんな考えを持っているのかを伝える。そして互いがどの方向に進んでいきたいのかをよく話し合う。

2つ目は、入社後の面談だ。社員がどういう状態にあるのかを把握する。進もうとしている方向は同じなのか。本人の思いと会社の方向性がずれてはいないか。月に1度の社長面談だけではなく、全体会議では常に方向性を伝え、メッセンジャーでは日常業務の些細なやり取りでも、意思疎通を心がけている。

個が立つ組織をマネジメントするにあたり、何より重要なのは、リーダーシップだ。これがなければ、おのおのの社員がバラバラの方向に進むだけになる。目的地を見せ、志を掲げ、束ねてこそ、個が立つ組織は成り立っていく。

重要なのは、社員や組織がわずかでも緩んだときに、引き締め直すことだ。個がやりたいことを始めたとき、その瞬間に抑制をかけるか、かけるべきでないかを判断して動く。その基準はトップの志に沿うているかどうかだ。

入社2年目で、営業職として「日本酒のプロモーションを頑張りたい。お客様を大切にしたいからお客様をできるだけ回りたい」と常々話していた社員がいた。ところが、平和酒造にとって1年で一番大事なプロモーション時期であり、酒造りもピークになる正月に休むという。

休暇の取りまとめをしていた者はそのまま通そうとしていたが、私はそれに待ったをかけた。正月は、蔵人も含め、社員全員が出勤する一番のかき入れ時だ。この時こそ、酒販店の店頭に立ち、顧客に顔を見せ、感謝と挨拶ができるタイミングなのだ。

その社員とはすぐに1対1で面談した。

「正月に必ず出勤しなければならないわけではない。でも、営業として頑張りたいと言っている君自身、1年で一番大切なときに前もって相談もなしに休むという選択でいいの？」

もしかすると、今どき、パワハラだと言われかねないかもしれない。だが、本人が自分で意図していたことと違うことをしてしまいそうになったり、甘えが出てしまったりしたときに、話すことが大切なのだ。緩みだった場合、そこから崩れが始まる。だから、ここで必ず方向感を示すことにしている。

社員が自発的に決めなければ意味がない。その社員にはいったん、「もう一度よく考えてみて」と伝えた。後日、「やはり正月は家族と過ごしたいので、休んでもいいでしょうか」と申し訳なさそうに言いに来た。であれば、ともちろん許可した。これでこの社員を短絡的に評価することはない。恐らく翌年は、きちんと相談した上で正月休みを取るか、あるいは取らないと判断するだろう。

そして、休暇の取得申請が続くようであれば、営業ではなく、休暇が担保できる部署も考慮に入れておく。志が同じであれば、他の部署でも十分にやっていけるのだ。

**POINT 個が立つ組織 26 個の緩みを抑制する**

# 第4章

# 個が輝くための秘策

## 100の人を150にする

平和酒造は、社員の成長と共に緩やかな発展を続ける低成長モデルの企業だ。その大前提として、社員が携わる仕事についての原則がある。「本人が納得して部署に配属されること」そして「希望する仕事をしてもらうこと」である。

私の「人」に対する考え方は、ベンチャーの人材派遣会社で学んだことがベースにある。専門知識や語学力、ビジネススキルなど、派遣する人材の基礎能力には、当然ながら個人差がある。中には、ずば抜けて基礎能力が高い人がいる一方で、派遣先で仕事がこなせるのかと心配になる人もいた。

しかし、派遣先でのパフォーマンスの高さは、こうした基礎能力によってだけ決まるわけではなかった。何によるのかといえば、多くは本人のモチベーションと担当業務だった。2：6：2の法則がある。組織で優秀なパフォーマンスを果たす人が2割、普通の人が6割、低いパフォーマンスの人が2割というものだが、優秀なパフォーマンスの人を集めてもまた2：6：2になってしまうといわれる。これは本人のモチベーションや組織内での役割が、パフォーマンスに関係していることの証拠だろう。実は、一人一人のパフォーマンスを高めることが、ベンチャー企業で私に課せられた最も重要な仕事の一つだったのだ。

会社は人の集合体だ。従って、会社の業績や未来は、そこに集う人のパフォーマンスに依存する。商品なら、在庫として倉庫に並べておけばそれで済む。市場価値を無視すればその価値は一定であり、100の価値のある商品は100の価値であり続ける。

これに対し、「人」という商品は、劣悪な環境に放置しておけばどんどん変質し、劣化していく。つまり、100の価値が60にも50にもなっていくのだ。逆に、モチベーションを得られる環境を整えれば、最初100だった価値が110にも150にもなる。

私は「人」の繊細さを嫌というほど思い知らされた。心を持った「商品」の価値を高めるためにはモチベーションが不可欠で、このモチベーションを上げるためにはその人の嗜好性を理解すること、そしてその人にふさわしい役割を理解してもらうコミュニケーションも大事だと学んだ。

人の心のあり方は十人十色だ。モチベーションを上げるきっかけは何か。

それを知るために、平和酒造では一人一人の社員に、「あなたはどんな仕事をやりたいと思っているのか」「あなたが幸福感を得るのはどんなときなのか」という問いを投げ続けている。

POINT 個が立つ組織 27 モチベーションを維持させる

## 面談に次ぐ面談

最初のヒアリングは、入社前の面談だ。社長である私や、現場社員4、5人とそれぞれ数時間話してもらい、業務内容を開示しながら、本人の希望や関心を聞いている。

入社後は3カ月に一度、社長の私やメンターである先輩社員と30分ほどの個人面談をしている。特に新入社員は3カ月に一度のジョブローテーションがあるため、業務内容が変わるたびに、楽しいと思えたか、何が大変だったか、どんな仕事に携わりたいかなどを詳しく話してもらう。

実は本人だけでなく、同じ現場で働く社員たちからも、情報は集まってくる。

「○○さんは自分ではこの仕事を担当したいと言っていたが、この業務にも向いていると思う。楽しそうに上手にやっていた」など、隣で働く社員からの声は貴重だ。本人ではなかなか認識できない素質や資質に気づくことも多いのだ。社員たちは私が加点法で評価することを知っているので、社長に直接意見をすることがマイナスに働くとは思っていない。このマイナスに働かないということは大切で、教えてくれる社員にとっても本人にとっても告げ口のような状況があると安心して働けないからだ。

そしてこれ以外にも、全社員が月に数度、外部のカウンセラーと1時間の面談をしている。社内の人間には言いにくいような仕事上のトラブルや、悩みなどを解決するためだ。面談内容は社長である私にはフィードバックされない。これも重要だ。だから言いたいことを言える。そこまでして外部のカウンセラーとの面談をさせる理由は、内在している気持ちをできるだけ引き出してもらうためだ。

人は表面上で言っていることと、自分が本質的に思っているやりたいこととは違うことがある。それが顕在化していないことも多い。だからできる限り、自分自身を把握してもらうことこそが大事だと思っている。自己認識を高めた上で、自分のやりたい仕事へとつなげてほしい。やりたいこと、できることを納得して進められるかがモチベーション維持のためになるからだ。

2016年に発売を開始したクラフトビール「平和クラフト」

その上で私が心がけているのは、社員全員の個性を把握し、新規の事業を手がける際に、「こういうメンバーがいるからこんな仕事ができる」と、点と点をつなぐようなイメージを持てるようにしておくことだ。会社の行く先が見えているリーダーの大切な役割である。

ここで一つ事例をあげよう。２０１６年６月に発売を開始したクラフトビールだ。醸造責任者は構想時点で入社2年目だった社員だ。なぜ日本酒の酒蔵が、ビールを手がけることになったか。それは、この社員の入社がきっかけだった。

試行錯誤、紆余曲折を経て発売に至った経緯は、次ページからのコラムを読んでいただきたい。これは私自身がフェイスブックに投稿した内容から短くまとめたものだ。現場の空気感が伝わればうれしい。

essay

# 平和クラフト始動

――ビール嫌いの社長が入社2年目の若手社員とクラフトビールを発売するまで

## ■ビール好き社員との出会い

新規事業を開始します！　それはクラフトビール！

正直に言えば、私自身、大手のビールが嫌いでほとんど飲むことがありませんでした。

転機が訪れたのは2011年。現在うちの醸造家として活躍してくれている髙木さんとの出会いがきっかけでした。選考段階で日本酒の酒蔵とビールの醸造所を悩んでいた彼女は、最終的に和歌山の日本酒蔵である平和酒造を選びました。

しかし、日本酒に身を捧げると約束したはずの彼女が夜の利き酒研修（平和酒造では毎回30種ほど出しています）のたびに持ち込んできたのがクラフトビール。

「うちは日本酒蔵だ。ビール蔵じゃないよ。」と私も冗談を言っていたのですが、どれもそこそこ飲める。

「ふーん。意外に飲めるもんだなぁ。というか味にもバリエーションと巧拙があって面白いかも」と興味を持ち始めました。

大きく私のビールへのスタンスが変わったのは13年の夏。汗だくになって歩き回った一日の終わりに、お好み焼き屋さんで人生初の生ビールを頼んだときのこと。

グラスごとキンキンに冷えたビールの喉ごしと、脳天に突き抜ける炭酸の刺激がたまらん！　3杯目の生ビールを注文した夜は……同時にビール醸造への扉も少し開き始めた夜となりました。

しかし、醸造への道のりは想像をはるかに超える困難を極めました。

## ■一カ月間の泊まり込み研修へ

すっかりビール好きになった13年の秋。平和酒造にニュースが届きます。ビールの醸造機械が中古で300万円で売られている――。

社長（当時）の父が真剣な表情で、やるかい？と声をかけてきました。もちろんやってみたい。しかし、日本酒「紀土」の品質を上げなければいけない大事なとき。杜氏の柴田さんもそれは同じで、蔵のツートップの技術者がビール造りを手がけることはできません。

そういえば、髙木さんがいた！

しかし、まだ2年目で日々の酒造りだけでも苦しんでいる醸造士がやるだろうか。

「ビール、平和酒造でやりたいかい？」

私は、髙木さんに見積もりと設計図を見せながら、つぶやくような声で聞いてみました。

「やれるんですか？　やります！　やらせてください！」

明るいトーンに前社長と僕の不安が吹っ飛びました。これが、ビール事業を平和酒造でやろうと決まった瞬間です。

やがて中古のビール醸造機械の移設、免許の申請が進む中、私の心に不安が募ります。髙木さんは入社前からビール醸造や世界のクラフトビールについて勉強をしていましたが、自分には全くビールの醸造知識がない。しかし、リキュールの鶴梅、日本酒の紀土での私のスタイルを考えてみても、自分が技術を知らずに成功することは考えられません。これまでも①出来上がってきた酒の味わいの改良点を実際の工程に分解、②現場レベルでできる工夫すべきところは改善、③それで対応できない部分は抜本的な技術変更や設備導入を果敢に行う、というプロセスを踏んできました。

「果敢に変更」という部分は、製造上の知識がなければ、誤るリスクが高まります。何より自分自身が勇気を持って決断できなくなってしまいます。

今しかない。13年の年末、私は広島県内の酒類総合研究所で1カ月間、住み込みで研修することを決めました。日本酒造りの大切な時期に重なります。背中を押してくれたのは、杜氏である柴田さんの言葉でした。

「僕がいなくても大丈夫？　週末は戻ろうと思うけれども」

「大丈夫ですよ！　週末も戻っていただかなくても。若い蔵人たちも育ってきたんで。専務はただ前だけ向いてください」

## ■ビールの製造販売を延期

広島県の酒類総合研究所での研修生活は、実は私にとっては2回目。初めて入寮したのが2005年の1月です。私が東京のベンチャー企業を退職した後、日本酒の研修のために2カ月間を過ごしました。

ビール講習の状況は少し違います。受講式で並んでいる研修者は20代が多く、明らかに私は年長者グループ。しかし、やらなければいけないことは多くありました。

ビールの技術を学び身につけること、そして醸造を始めた際の協力者をつくること。

私の場合は並行して酒蔵の経営、日本酒の醸造管理もあります。休憩時間や授業後は、蔵への指示や小売店への挨拶回りをしました。

金曜日は授業が終わり次第、6時間かけて和歌山の蔵に戻り、月曜の朝3時に自宅を出発し広島で朝一番の授業を受ける。深夜まで復習する日もありました。

知れば知るほど、ビール醸造への認識は大きく変わりました。痛感したのはビール醸造が思った以上に簡単ではないこと。醸造技術の力不足や製造設備の不備、ビールの醸造過程の再現性の難しさなど、壁の高さに気づいたのです。

そんな中、何も知らない父から普段聞いたことのない明るい声で電話がありました。

「とうとうビール醸造の免許がおりたぞ！　これで春からビールをつくって売れるぞ！」

ビール講習を終え、和歌山に戻った私は、朝のミーティングで前社長と髙木さんを前に宣言しました。

「今年はビールの製造販売をしない」

ぎょっとする2人の表情は、失望に変わっていくようにも感じました。

「免許申請であれだけ私が苦労したのに、ふざけないでください！」。悲鳴にも似た髙木さんの怒りの声が上がりました。

「いや、つくらないと言っているんじゃない。商品のリリースを延ばしたいということなんだ」。そう返事をして、研修で学んだビール醸造の難しさ、購入した中古製造設備が本当に動くかどうかの確認や修理、味の軸になるレシピ開発の重要性を説きました。

実際にビールがつくれるかどうか分からないうちに、発売日を決めたくない。何より、紀土や鶴梅で平和酒造はおいしい酒をつくると応援してくれている人たちを、裏切りたくない。

私自身、ある程度、技術的なロジックはつかめたものの、製造を実際に担当するのは髙木さんです。これからいかに技術の習得をするか。

その後、髙木さんには複数のブルワリーを訪ね研修や見学をしてもらいましたが、どうもうまくイメージを持てません。やはりまず自分たちでプラントを動かしてみることが早いと、前社長と結論付けました。

技術面での協力を仰いだのは、クラフトビールのトッププランナー、ネストビールの木内酒造さんです。醸造長に直接教わり、手伝っていただきながら、実際にビールのプラントを動かすことが決まりました。

ようやく初めてのビール醸造が始まると小躍りする髙木さん。これから挑まなければならない課題の多さに「そんなに簡単じゃないよ」と言うと、「難しいのは分かってます。でもやってみなきゃ始まらないんで」と明るい答えが返ってきました。「やりたい」という彼女の前向きな気持ちがどんな困難をも乗り越えるパワーになると、のちに私は実感することになります。

## ■新しいミルの購入

また一つ、問題がありました。平和酒造には「ミル」という道具がなかったのです。コーヒー豆を挽くコーヒーミルと同じような機械で、ビールの原料となるモルト（麦芽）を挽く道具のことです。挽いたコーヒー豆が売られているように、ビール醸造でもすでに挽いてあるモルトが売られています。それを使えば非常に便利で、モルトを挽く必要がなく、もちろんミルを買う必要はありません。

しかし便利なものには欠点がありがちです。買ってきたコーヒー豆をミルで挽いたときのいい香りは、直後にしか感じられません。モルトミルの場合も、モルトの種類を自由に選べないこと、何より挽きたてでないために品質も良くないという欠点がありました。

ビールの味の根本ともいえるモルトを自由に選べないのは致命的ではないか。私はそう考え、ミルの購入を決めました。

新品のミルを前に、「さてつくるぞ！」と意気込む私たちの前に、次は肝心の製造設備が次々とトラブルを起こし始めます。倒産した醸造所の中古の機械で、競売で落札して入手したものでした。

クラフトビールの醸造機械は、日本のクラフトビールの創成期にさまざまな醸造器具メーカーが見よう見まねで欧米の物を参考につくっていました。うちにあるのもその類の物。メーカーごとにカスタマイズされていて、似た機械はあっても同じものはほとんどありません。一つ一つタンクの仕様やボタンの設置位置が違うのです。

それはまるで考古学者が遺跡を掘り起こしながら、ここではどんな人たちがどんな生活を送っていたのかと想像する作業に近いものがありました。いくつものボタンや指示書きの意味を推測、議論しながら髙木さんとの試行錯誤が続きました。

問題だったのは、中古の醸造機械がボロボロだったということです。外側はほれぼれするほどきれいなのですが、一番大切なビールや麦汁を通す内側が悲惨でした。醸造機械を所有していた前のビールメーカーの扱いが悪かったのです。そのため、詰まった麦芽カスを除去するなど、一つ一つを点検、洗浄する作業は困難を極めました。

## ■機械の故障が続く

ネストビールの醸造長の経験値の高さは、一緒にビール造りをした私たちにとって驚愕でした。髙木さんは今でも、ビール造りの師匠として尊敬しています。

麦汁をつくって煮沸して、発酵タンクに移して酵母を入れる……その手際のよさ。とてもいい刺激を受けながら、ここまでは非常にスムーズにいきました。

あとは私たちで発酵管理を行います。発酵の1週間は、順調でした。アルコール度数も、教えてもらった通り。最初にできた麦汁や発酵中のビールを飲むと麦茶のようでしたが、発酵が進むにつれてビールらしい味が出てきます。

「我々も大したもんだ」という勘違いをするほどでした。

ところが異変が起こりました。温度コントロールがうまくいかないのです。

装置は非常に単純で、クーリング装置とヒーターがついているのですが、温度を3℃に管理したいときに、クーリングをかけると0℃近くまで下がってしまう。0℃に下がればヒーターが作動して6℃近くまで上がってしまいます。そこでまた温度を下げようとすれば、今度は装置が熱を帯びてしまいます。そこで装置の周りを氷で冷やし……試行錯誤の連続の後、ようやく発酵を終えたのでした。

ところが、いよいよビールを熟成タンクから出して樽に落とそう、瓶詰めしようという段階でまたトラブルです。

髙木さんが青ざめた顔で私の机まで走り込んできました。

「ビールが凍結してます！」

タンクを開けてみると、６００ℓのうち２００ℓが凍結しているのが分かりました。それは最初のビール造りが見事に失敗したことを意味していました。

この凍結はなぜ起こったのか。発酵タンクの内側にはマイナス20℃の冷媒がついていましたが、本来なら均一に冷やさないとならないのに、部分的にしか冷えない状態だったのです。さまざまな工夫をしましたが、うまく温度をコントロールすることができず何度も凍結を繰り返しました。

とはいえ、ここまでつくったビールを廃棄するわけにもいきません。それなら発売前に、まずはお客さんの評判を聞いてみようと、イベントへの出展を決めました。

実際、イベントでの評判はそこそこ良かったのです。

しかしその後、出品できないようなビールも一部出始めました。少し酸の香りがするビールが出てきたのです。ビールに混入した乳酸菌が原因でした。体への悪影響はありませんが、ビールの風味を損ねる菌ですから、ビールには入ってはならないのです。

タンク内の容量をチェックする装置のパッキンが壊れてしまい、その隙間から混入した結果でした。

髙木さんは、ビールの醸造をするたびに、またビールのイベントに出るたびに「発酵タンクを買い替えたい」と訴えてきます。非常に悩みました。500万円もした機械です。まだビールを1本も売っていないというのに、醸造機械を買い替えるなんてとても考えられません。

醸造機械は大きく3つに分けられます。1つはモルトから麦汁をつくる機械、2つ目は発酵と熟成をするタンク、あとはビールを出荷するときの樽や瓶に詰める装置です。

500万円のうちの半額くらいを占めるのが、問題の発酵・熟成のタンクでした。それを買い替えるということは、250万をスタートの時点で無駄にするようなものです。さて、どうしたものか。

熟考に熟考を重ねた結果、買い替えるしかないと決めました。クオリティーが安定せずつくるたびに凍ったり乳酸菌が入ったりしているような機械では、とてもクラフトビールの世界では戦えない。この機械の欠点は、日々の努力では補えないと確信したからです。

恐る恐る「発酵タンク買い替えたいんだよね」と前社長に伝えました。

「だめだ」と第一声。「買い替えたとして、いつ回収するんだ」。矢継ぎ早の質問が飛んできます。当然です。しかし一度決めたら、後には引かないのが私の性格。

「回収はいつになるか、分からない」

「何でだ」

「いいビールができたと確信が持てないと売れない。それがいつになるか分からないから」

「そんなところにお金は出せない」

「出せないんであれば、もうビール醸造はできない」

こんなすったもんだがありましたが、結局、前社長を説得し発酵・熟成タンクを買うことになりました。

髙木さんに伝えると、彼女はしてやったりという顔をしていました。

麦汁を造る機械。設備の管理も一人で担当する

機械が届くと、新しいおもちゃを手に入れた子供のように喜ぶ高木さんの顔を見るたびに、私はまたしても複雑な顔になったのでした。まだ1本も売っていないんだよな……。

ここで一つ、高木さんの名誉のために、新しい機械をただ欲しがって待っていただけではないということを加えておきます。機械を新しく買い替えるまでに1年近くかかりましたが、図らずも、ものづくり補助金という政府の制度を受けることができました。

1500万円以上の機械に投資した場合に1000万円の補助金を受け取れるという制度です。高木さんが出した申請が通ったのです。これを瓶詰め機械の購入費にあてました。

## 構想から6年かけ発売

この瓶詰めの機械はイタリア製。瓶詰め作業も悪戦苦闘の連続でした。瓶からビールが噴き出したり、逆に決められた量を入れられなかったり。何せマニュアルもなく、すべてを当てずっぽうの勘でやっていくしかないわけです。

「うまく瓶詰めすらできない。こんなんじゃ私はビール事業なんかやる自信はありません」と、とうとう高木さんは言い出す始末。

「おいおいそんなことでやめられちゃ2000万円の機械が泣くぜ、というか、これまでの投資どうすんねん！」と私は心の中でツッコミを入れていました。

あまりに髙木さんの嘆きが続くので、長年清酒やリキュールの瓶詰めをこなしてきた中井マネジャーと一緒にやってみるよう伝えました。

中井マネジャーは平和酒造で26年勤続のベテラン蔵人。基本に忠実で機械に詳しく瓶詰めのキャリアも長い人物です。きっと力になってくれるはず。

しかし、髙木さんは不服そうでした。全部自分で手がけたいという心情も分からないわけではありません。

果たして、彼が指示し始めると、見事なくらいにきれいに瓶詰めが進みます。髙木さんはびっくりしていましたが、知識がいくらあっても、経験に裏付けされた醸造人のキャリアには及ばないということです。こういう現場知は酒蔵の財産だと感謝しました。

こうして、機械を買い替え、ほぼ思い通りのビールができあがり、瓶詰めもできました。冬場のお歳暮として発売前のビールを贈ったところ、「こんなビールは飲んだことない」「販売はいつからか」という期待の声を頂戴しました。ですがこれから、肝心の名前を決めなければなりません。

悩んだ末、最終的に「平和クラフト」に決めました。「平和酒造」の名は、戦争中に酒造りができなくて悔しい思いをした経験から、「平和な時代に酒造りができる喜び」を込めて祖父がつけた名前です。その思いを受け継ぎ、そこに「クラフト」つまり「こだわり」の意味合いを込めました。

次はラベルです。一般的にビールには、男性的な名前が多いのですが、「平和クラフト」は違います。名前から想起させるやさしいイメージをラベルにも表現しようと考えました。鶴梅や紀土のラベルを作ったときにお世話になったデザイナーさんとディスカッションし、平和を意味するハトを使うことに決めました。ただし、ハトはさまざまな商品や企業がイメージに使っています。使い古された素材をいかに「平和クラフト」らしさに高めるか。試行錯誤していく中で、現在のラベルになりました。私は清潔感がありかわいいラベルだと思っていますがどうですか?

クラフトビールは200〜300種類あると言われています。

平和クラフトは、クラフトビール界の王道である「ペールエール」、そして小麦を使った飲みやすいビールの「ホワイトエール」を軸とすることに決めました。

クラフトビール「平和クラフト」の開発・製造を手がける髙木さん

実は髙木さんはイベントに出展するたびに、新しいビールをつくりたがりました。ビール醸造の仕事が楽しくて、他社のビールを飲んでは、こんなビールをつくりたい、こんな酵母を使ってみたい、こんなフレーバーを使ってみたい……と、いろいろな提案をしてくれました。

建設的な意見でしたが、結果として私は、その提案のすべてを却下しました。

紀土は立ち上げのときには、純米と純米吟醸しかつくりませんでした。品質を追求し丁寧につくり上げていくためには、最初は種類を絞ったほうがいいというのが私の考えです。

平和クラフトもこの2種類に絞ったことが正解だったと思います。2種類しかない分、ビールとしっかりと向き合えたのでしょう。発売から1年近くになりましたが、作業の精度やクオリティーが上がってきました。売り上げも前年比140%になっています。

ここまでが平和クラフト誕生の物語です。

ビール事業の立ち上げを考え始めたのが2010年ですから、6年近い年月が流れていました。

現在、平和クラフトの売り上げは3000万円。平和酒造の売り上げの2・5%だ。醸造責任者の髙木さんとは、売り上げの約8％となる1億円を目指そうと言っている。そうなれば、クラフトビールの製造ラインで社員2人を雇える体制になる。

髙木さんはこれまでの経緯をどう捉えているのだろうか。これを機会に聞いた。

「失敗続きだった時期に励みになったのは、社長が失敗しても叱らないことだった。だから頑張ることができた。もっと言うと、社長には失敗の報告をしたくない、隠したいと思ったことが一度もない。機械が壊れた、ビールが流れたなど、トラブルは少なくなかったが、状況を正確に報告し、こうすればリカバリーできると報告してきた。

失敗したときには、ただでさえ自分が一番ショックで、しまった、どうにかせな、と思っている。そこでもし、『なんで、お前こんなことになったんだ』と怒られたら、こっちが知りたいわ！と反発したい気持ちになる。社長はそういうときに『何が必要なの？』と冷静に聞いてくれていた。

失敗を挽回するためにはどうするか、それを考えなければならないのは醸造責任者の自分だ。そんなとき、社長とはどれだけデメリットやマイナスが生じるのかを把握した上で、冷静に相談ができる。製造者として頼りになる経営者だなと思っている。

社長が一番怒るのは、ミスの報告をしないことだ。以前は、報告をせずに酒蔵の中でも

和歌山ビールイベントでの髙木さん（写真左）と鳩野さん（写真右）

み消してしまう時代があったという。だが、私たちは今、失敗はチャンスだと知っている。せっかくミスをして改善点が判明したのに、それを放置したり隠したりすれば、また誰かの失敗につながる。失敗は共有すべきいいチャンスだ。

私は将来、世界中どこに行ってもビールと日本酒がつくれると胸を張って言えるようになりたい。それが平和酒造の技術者だ。できればビール製造のコンサルタントのような仕事もしたい。自分の知識を生かして人に教えることでもっと成長したい。

さらには、アメリカで開催されている世界で最も権威あるコンペで賞を獲得したい。日本から300社出していて賞を獲得できるのがわずか1社という狭き門だが、私たちなりにやれることはある。売り上げという成績とともに、技術的なビールの評価が欲しいからだ。売り上げと品質がリンクしている、そんなクラフトビールを目指したいと思っている」

POINT

個が立つ組織 28

## 新規事業は社員の個性を生かす

## ビールの経験を日本酒へ

ビール事業に関しては日本酒業界の閉塞感を打ち破るヒントがあるのではないかと思っている。どういうことかというと、クラフトビールに携わるようになって多くの気づきを得たからだ。クラフトビール業界は発展途上の良さがあり、携わっている人たちもアグレッシブな人が多い。また技術に関しても非常にオープンで、チャレンジ精神が旺盛だ。そのようなカルチャーはベンチャー企業に勤めていた時期に体感をした。何か生み出そうという活力にあふれているのである。

一方で日本酒業界はその真逆。だからこそ、そこにヒントがある。例えばクラフトビール業界のイベントを参考に日本酒イベントを開催するようになった。オープンエアでの日本酒イベントの開催では、運営にもクラフトビールイベントからヒントを得た要素を盛り込んだ。さらに、このクラフトビールの業界で特徴的なブルーパブやクラフトビアバーからヒントをもらって、新しい日本酒の取り組みをしたいとも考えている。例えば、カジュアルに楽しめる日本酒施設をつくったり、新店舗でクラフトビールや日本酒を提供したりと、これまでの日本酒のイメージから出たようなお酒の楽しみ方を提案できればと思っているところだ。

## POINT 個が立つ組織 29 化学反応で事業領域を広げる

### 人はどんなときに挑戦できるのか

「大学卒業まで失敗しないように生きてきた。失敗を恐れてチャレンジできなかった」。今年入社9年目になる社員の言葉だ。今の若者にはこうした人が多い。いや実は挑戦を日々しまくっているように思われる私も、大学を出たての頃は失敗したくないと思っていた。だからこそベンチャー企業に勤め、自分でベンチャー企業をつくりたいと興味を持っていたにもかかわらず、夢破れて実家の酒蔵を継いでいるのだ。

では、人はどんなときにチャレンジできるのか。それは自分の身が安全である、守られているという安心感があるときだ。挑戦するとは、何かを「わざわざ」やることだ。例えば、仕事で新しいことに挑戦し、うまくいかなかった場合、叱責されたり評価が下がったりしたとしよう。もはや次のチャレンジはしなくなるだろう。同僚が新規事業で成果を出せずに配置換えになったとしたら、自分も失敗すれば同じ目に遭うと予測し、そもそもやらなくていい「挑戦」という貧乏くじはひきたくないと思うはずだ。

つまり社員が挑戦するには「誰からも攻撃されない」という安全な環境が必要なのだ。失敗しても評価が下がらないどころか、むしろ多少の失敗は称賛されるくらいの環境のほうが、社員の挑戦を促す。こうして新たな取り組みを続けられることが、将来の社員と会社の成長につながっていく。そして成長の実感こそが、社員の幸福度を高めるのだ。

ちなみに、実はこの挑戦への消極さと環境の問題は私と平和酒造が属する2つのカテゴリーでよく見受けられる。それは日本酒業界と和歌山（つまり地方）ということだ。どちらもチャレンジへの冷ややかな視線と成功モデルの少なさがあげられるかもしれない。環境が悪いからチャレンジしないのか、チャレンジしないから成功モデルが少なく、チャレンジできる人を冷ややかにみるようになるのか。卵が先か鶏が先か。

閉塞感を打ち破るため、平和酒造はチャレンジしながら成功をおさめ、他のロールモデルになりたいのだ。

POINT
個が立つ組織30 会社が安全地帯となる

## 社員にカスタマイズした人事

こんなケースもある。営業力の高い男性社員の話だ。入社後、国内営業の仕事で大活躍し、社内でも大きな成果を上げていた。ところが頑張りすぎてその後燃え尽き症候群に陥り、平和酒造を退職。実家に帰り地元の企業に就職したが、半年後にまた平和酒造に戻ってきた。基本的に出戻りは奨励していないが、真面目に働いてくれていたし、平和酒造になくてはならない人材だと思っていたので、彼の場合は期待していた。

退職する際も、再び入社する際も、2人で話し合った。よくよく話をすると、彼が幸せを感じるのはチームに貢献できたときだと分かった。営業型の人間は、自ら成果を上げて周囲から称賛されることに喜びを見いだす人が多いが、彼は非常に営業パフォーマンスがいいものの、チームへの貢献意欲が高かったのだ。どちらかというと製造現場のほうが好きだったと、ようやく私も本人も気づいた。

そこで、製造現場でチームのカイゼン活動に関わってもらいながら、彼の強みでもある営業職も兼務してもらった。

後日談がある。彼は営業職を続ける中で、特に海外営業に行くことが楽しいと、月に数回出張に出ていた。出張先のイベント会場では、一度会ったお客さんには必ず覚えられ、次の来訪の際には「荒瀬さんいますか？」と探しに来られるほど、人を喜ばせることの大好きなエンターテイナーだ。

しかしさすがに回数が多すぎたらしく、最近は連続の出張はつらいと言っている。今は「そりゃそうだよね、回数を減らそう」という話で同意した。出戻り後も話し合い、少しずつ彼らしい働き方にしていくのだ。

新しいことも挑戦したいが、家にこもるのも好き、といった人もいるだろう。コミュニケーションが好きだが営業は嫌いという人もいるだろう。何が言いたいかといえば、人間はいろんな面を持っているのだ。

仕事をする上では、本人が幸福感を感じて働いてもらえることが私は一番大切だと思っている。そうした意味では型にはめようとはしたことがない。小さな会社だからできることだが、平和酒造の人事は、社員一人一人にカスタマイズし柔軟性を高くしている。

## POINT 個が立つ組織 31 人事は個々の社員に寄り添う

### 個人で勝負する時代

かつては大企業でも上の役職にならないと、業界内外で名前が売れないということがあったが、今はSNSの発達で自分のキャラクター次第で十分に個としてのプロモーションをかけられる時代になってきている。個として会社以上に立つような状態だ。会社単位から、個人単位になってきているともいえる。

平和酒造では、2014年以降、蔵人という名称を醸造家に変えた。醸造家という呼び名は、蔵人よりも「個が立つ」イメージを持つ。一人一人が技術と思いを掲げ、個性豊かに働いてほしいという思いで変更した。

杜氏の名前を付けた酒も発売している。個として名前が立てば、私以上に人気のある蔵人が生まれてくる可能性も十分にある。そのほうがありがたい。

そうした意味で、杜氏という立場についても、将来は一定水準の技術が身につけば全員、杜氏にしようかとも考えているのだ。

POINT 個が立つ組織 32 社長以上に社員の個を立てる

## 個人のつながりをビジネスに

新しいイベントなどを立ち上げる際、私は「人依存型」である。他人依存型ではなく、人物依存型ということだ。誰か面白い人がいるから、「じゃあ一緒にこれできるよね」でスタートし、「あれできるよね」で膨らませ、「すぐやろう」でキックオフする。なぜそのような人とやるかというと、例えばプロジェクトを車と見立てた場合、自らすべての部品を作ったり、集めたりするのは手間がかかるからだ。ある程度仕事を任せられて信頼できる人と、互いに持っている要素をつなぎ合わせて進めることがベストだと思っている。

今の時代は、ＳＮＳ等があり、アンテナの立っている人同士が結びつくスピードが非常に早くなっている。そうなれば、このつながりを束ねていくと、新しい事業を始めよう、ということになりやすい時代なのだ。

実際、平和酒造が企画しているイベントは、ほとんどがこうした流れで実現している。こういう人がいる、我々がいる、こういう場所がある、じゃあこういうことしようよとなるのだ。堀江貴文氏や中田英寿氏らとのコラボをはじめ、取り組みの多くがこうしたつながりから生まれている。そういう意味では、一つ自分に強みとなるリソースがあれば（平和酒造の場合はプロダクトが高品質だということになる）、他にリソースを持っている人と融合すると、ものすごいシナジー効果が生まれる。それが個が立つ時代の仕事の仕方のように思う。

ビジネスサイズを最初から考えてしまう大企業は市場規模の大きさに左右され、たとえ新しい試みでも、市場規模が小さければ手を着けることはない。だが、個人のつながりを大切にした小さな会社が、「面白さ」だけでまず始めて、成功する例が多くなっている。マネタイズは後だという低成長型の考え方が増えている。「面白そう」に社会的な意義が加わり、その後からマネタイズされるというモデルだ。まずはエッジを利かせたビジネスをつくることが大切なのである。

老舗など従来からある中小企業も長い将来を見込して取り組む。だから面白いものが生まれる時代に変わってきている。大企業が社会的なインパクトがあることを率先してやっていく役割は、小さな会社の役割へと変わってくるかもしれない。

POINT 個が立つ組織 33 面白さを優先する

## 手を挙げたリーダーを支えて育てる

平和酒造では、業務担当を決める際、社員の「やる気」を優先している。その結果、若手社員が重要な職務を担うことも多い。例えば採用担当だ。

今年の採用担当者は入社2年目の鳩野さんだ。前年までは9年目の社員が手がけていた仕事だ。先輩社員にはそろそろ経営企画の仕事を手がけてもらいたいと思っていたため、ある日の会議で社員全員に質問した。

「採用を担当したい人はいる？」

そこで真っ先に手を挙げたのが鳩野さんだった。先述の通り、平和酒造には毎年約1000人の学生から応募がある。その中から筆記テストと、4、5回の面談を通して1人か2人を選ぶまでのプロセスだ。万が一該当者がいなければ、翌年は新入社員ゼロ、という結果もあり得る。

社運を懸けるほど重要な役割だが、やる気のある社員にこそ、若いうちから責任あるポジションを任せたい。そこで、会議では「では鳩野さんにお願いします」と言い、こう付け加えた。「先輩たちが十分なサポートをしてあげてください」

鳩野さんには、採用のチームリーダーとして「プロデューサー」的な役割を頼んだ。このように経験の少ない若手社員にトップを任せる際には、プロジェクトチームの全体のまとめ役になってもらう。責任はプロデューサーにあることを明確化する。そして、実務は先輩の適任者が担うことにしている。例えば採用であれば、面接担当者は誰か、合否を決定するのは誰かといった人員配置を、社長である私と相談しながら、若手社員に考えてもらうのだ。

プロデューサーは担当を割り振ればいいだけではない。全体のスキームを考えなければならない。そこで必ず伝えているのは「成果を出すために正しいプロセス、自分がベストだと思うプロセスを考え抜いて実行すること」。そしてこう付け加えている。

「自分一人が目立とう、成果を得ようとするのではなく、皆を盛り立て、皆の力を借りてこその成功だ」

事例には枚挙にいとまがない。

入社3年目の中丸さんは、入社面談の際に、カフェやレストランなど飲食店を手がけてみたいと話していた社員だ。経験値はゼロ。しかし、和歌山市駅構内にショールームをつくるのに適した案件が出た際、思い切って打診した。本人がやる気を見せたため、新規事業のリーダーとして、日本酒立ち飲みカフェのプロジェクトを任せている。

平和酒造の「田植え・稲刈りイベント」は、社を挙げて、平和酒造のファンにおもてなしをする大切なイベントだ。年々拡大を続け、13年目の今年は、５００人が参加する規模となった。接客に長けているだけでなく、先輩後輩をまとめる力がある「田んぼ」担当で4年目の柿澤さんが大活躍している。

社員のやる気をくんだ場合、力のない人が担当になるリスクがある。だが、背伸びしなければ背は伸びない。若手社員の下で経験値のある先輩社員がサポートすることは、そのマイナスを大いにフォローできる。若手社員にとっては心強いだけでなく、的確な指摘を得ることもできる。頼りにされる先輩社員も自分の得手を発揮するため、チーム内でそれぞれの個が立つ仕事を達成できるのだ。

自主的に手を挙げた場合でも、プロジェクトの最中には必ずと言っていいほど、苦しくなるときがある。当然ながら本人にとって経験のないことほどそうなりやすい。

うまくいかないときの担当者の反応として2つのパターンがある。まず、苦しい状況を人に言えないパターン、そして、本人自身が追い込まれていると気づいていないパターンだ。報告が上がってこないときには必ずと言っていいほど、事態は深刻化している。これらに対しては、私や先輩メンバーが随時進捗を確認すること、そしてその際、受け答えの表情や言葉に注意を払い、現状と本人の精神状態を確認していく。もし、一人で仕切ることが難しそうだと判断すれば、すぐに経験者に加わってもらい役割分担をしたりメンバーを入れ替えたりするなどして対応する。

こうして早々に対処するのには理由がある。せっかく手を挙げたのだから、自分のプロジェクトで成功体験を積ませてあげたいのだ。人間は失敗から学ぶことも多いが、特に今の若手は、失敗よりも成功体験を積んでもらうことが、新たな挑戦への原動力であり自信につながる。取り返しがつかなくなる前に的確なアドバイスを入れることが大切なのだ。

POINT 個が立つ組織 34 **後輩のやる気を先輩がサポートする**

# 第5章

# 日本酒と日本の未来

## 技術変革の速さと働き手の認識のずれ

社会や技術は次の20年間でさらに変化のスピードが速まるはずだ。

自動車は究極的に所有しない時代が来る。自動運転が整備され、カーシェアリングが導入されれば、車の移動率は10％と言われているから、車は10分の1しか売れなくなる。

自動車会社は自動車を作るという役割が弱まる。馬車が走らなくなって馬が用済みになったように、役割を終える時代が20年ほどで来るのではないか。

自動車だけではない。例えば、英語など完全な自動翻訳ができれば、通訳という仕事が必要なくなる。教育環境でいえば、パソコンを使っての通信教育がより発達し教育環境の地域格差もなくなるだろう。

ロボット技術の発達で、土木建築業では肉体労働をする若い働き手が必要なくなるかもしれない。働く時間も今よりずっと減るはずだ。高齢であっても酒造りのようなＡＩ（人工知能）にはできない特殊技能を持つ人材は、今より求められる時代になる。

しかし、技術変革がさらに速まるこれからの20年間を認識している人が日本にどの程度いるだろうか。例えば今、自動車会社に就職しようとしている人は、40年後も自動車をつくっているつもりなのだろうか。

さまざまな技術の発展は、思いもつかぬ変革を起こす可能性がある。その変革に対する認識があるか、またそれをイメージして就職しているだろうか。トヨタ自動車に入っても、40年後はトヨタロケットになっているかもしれないのだ。

## これからは文化の時代

変化の激しい時代になっても、日本酒の存在意義は変わらないだろう。

人工知能でも自動運転でもそうだが、技術革新は人間の生活が楽になるために、より便利になるために進められている。つまり技術が進化するほど、人間には余った時間、余暇が生まれる。少ない労働時間でそれなりに収入が得られて遊んでいられるようになるから、時間をもて余すようになる。そうなると、何をしだすか。人間にしかできないことに興味を持ち出すだろう。それは遊びだったり、芸術だったり、文化の部分だ。スポーツや音楽などが該当するかもしれない。

こうして日本の将来の行く末を想像すると、文化の発展を戦略的に選ぶことが日本の発展の軸になるのではないかと思っている。これまではお金が取れず、むしろお金をかけなければいけないとされた文化を、ビジネス観点で考え、運用することが、日本にとっての武器になる。

日本はヨーロッパにも、アメリカにも、他のアジアの国にもない独自の文化と気候を持っている。私たちが受け継いできた歴史と伝統をベースとした独自文化が魅力とされるのだ。日本列島の地形が生んだ文化のガラパゴス化が生きる道とも言える。

もちろん観光も文化をビジネスとして利用する一つの方法だ。現在、文化や伝統を最も簡単にマネタイズしているのは観光だ。だが、一方で上場企業には文化や伝統を育む企業があまりにも少ない。酒蔵などの老舗企業と呼ばれる中小企業は、今が踏ん張りどころであり、この時期を乗り越えられれば自分たちの潜在的な強みに気づくタイミングに来ているのではないだろうか。今が分岐点ということだ。

例えばこれまで週5日働いていた人の勤務日数が、週3、4日に減るとする。残った時間で何をするか。まあこれは酒飲みの戯言かもしれないが、酒を飲むしかないだろうと思うわけである。日本酒をたしなむとは、味を楽しみ、その酒にまつわるストーリーや製造者の思いを感じる時間でもある。技術発展によって代替物が生まれるのが難しく、かつ文化・芸術性のある嗜好品の極みなのだ。

逆に、働くことの価値も出てくるだろう。

歴史が変わっても変わらない、働くことの意義だ。それは自分も含めて人のためになるということだ。しかし、現代社会で人間はそれを見失っていた。古代から中世にかけて王が誕生して以降、いつしか支配者のための労役として働く、つまり労働が苦役に変わった時代があった。その意識をまだ引きずっているかのように思う。

社会が豊かになった今、働くことは自己実現の手段でもある。今後、その価値を社会全体が認識していくだろう。

## 一獲千金から社会的意義へ

戦後やバブル期までの日本社会は急成長型だった。高学歴と高収入が一致し、勉学と仕事で身を立てていた時代から、今は、大きく変化している。個人が自分の尊厳を保つ生き方を考える時代になっている。

続々と現れるスタートアップ企業は、大量の資金を獲得し、収益を上げる目的でつくられてきた。しかし、昨今、ここにも変化が生まれている。社会的意義を達成する手段としての起業が増えているのだ。

会社単位で社会的意義を見いだしている事例が増えている。個人に目を向ければ、働き手一人一人が、社会的意義を考え始める時代に移行してきたといえるだろう。それは、例えばSDGSの関連企業で働くとか、そんなに大げさな話ではない。もう少し身近なことだ。ホテルのフロント係なら、利用者に快適に休んでもらうことで社会に間接的に貢献しているのだと納得したい。

収入プラスアルファで、「何をした」ということが、人生の価値となる時代になってきている。自己実現と仕事が結びつけば幸せなことだが、それは理想として、これまではどこか諦めていた。しかし最近では、それを実践している人が身近なところで続々と現れている。

つまり、以前のような単純な売り上げ目標を掲げる経営だけでは人が集まらない時代になっているのだ。低成長でも心地のいい成長が持続し、働き手の自己実現につながる会社が有望な就職先とみなされるようになっている。

高成長モデルだけではなく、低成長モデルでも人は集まる。集まる人の質が違うということだ。高成長モデルに集まるのは、高成長を求める人が集まっていくし、逆に低成長性の会社には低成長性を求める人が集まってくる。低成長の人たちがゆっくり生きたいと思っているということではなく、やりたいことを突き詰めていくと、実は低成長しかあり得ないと気づくのだ。

それはなぜかというと、社会が成熟していけば、大量生産・大量消費型から、少量多品種生産・消費型になっていく。少量多品種になると、どんなものが求められるか。もちろんコンビニなどで季節感を出す、どんどん新しいものを生み出すという力というのも必要だが、もう一つは、エッジの利いたものが求められるだろう。

100人のうちの90人はいらないが、10人が絶賛するようなものが受ける傾向にある。かつては90人欲しいものをつくる必要があったが、今、10人に受けるものが求められ、そのほうが成功しやすくなっているのだ。

そうすると、大きい会社の場合は、90の量がないと採算ラインに合わなかったものが、小さい会社だと10の量でも十分市場があるということになる。小さい会社は小さいニーズを拾いやすい利点があるのだ。

## 小さな会社は個人の役割が分かる

小さい会社でも持続的に伸びている会社や社会的な意義がある会社は、今よりもっと人集めをしやすくなるはずだ。大企業では、就職したものの、どんな仕事をするか分からないということが起きやすくなるからだ。

例えばメーカーに入ったつもりが、小売店の店頭で接客をするかもしれない。市場が小さくなっていくから、大企業は横展開に向かう。自動車会社が自動車を売らない時代が、銀行が銀行業務が本業でない時代が来る可能性がある。

小さい会社は、平和酒造のように酒を造ることだけやっていきますというシンプルな戦略を打つことができる。そうすると、それをやりたいという人が集まり、理念が共有しやすい。対して大企業だと、いろいろやりすぎて、何をやっている会社かが分からない。入ってきた理由は「大企業だったからです」「収入がいいと思ったので」というところになるだろう。

ただ、それでも大企業が優位な時代は、しばらく続くと考える。給与面や、会社としての存続性は大企業のほうがやはり高いからだ。中小企業でも、理念のある会社は生き残るだろうが、中小企業がすごく楽になるとは思わない。中小企業は経営者の力がますます問われる時代に突入するだろう。

一方で、個人がより独立しやすい状況になる。さまざまなビジネスチャンスが世の中に生まれきているなと思う。私が独立志向の人と多く付き合っているからかもしれないが、社会に独立志向の熱を感じる。
人口減少で多くの市場は縮小するが、そこかしこで起きる変化に伴い、ビジネスの芽は増えている。

**POINT 個が立つ組織 35 社会的意義を強く持っている**

## 規模の経済、不経済

今、仕事のやりがいを搾取しているような企業は、「やりがい系ブラック企業」といわれる。やりがいを餌に低賃金で働かせるのではなく、「昇給していくことが約束されているよ。だから今頑張ることが将来につながっていく」ということを明言し、確実に実行することが、会社にとって極めて重要になってきている。

働き手も、そうしたことをよく見ている。特に今の若手は、働き始めて1、2カ月で自分が就職した会社で長く働けるかをジャッジし始める。それに対応し、会社も将来の姿を最初から見せていかなければならない。

逆に大企業が今、若者に見せている姿は「本当に30年後、40年後にあるの?」と疑われている。40年後には市場が極端に減っていく。40年後の人口は8000万人くらいといわれており、約25%減だ。新卒の人が20代で就職して、60代で退職するその40年後に何が起こっているかということだ。市場を人口に依存しているものは、必ずその分減少する。その減少を折り込んでビジネスを組んでいかなければいけない。しかし大企業というのは、マス市場を狙うことが半ば宿命のため、どうしても市場の減少に影響を受けやすいだろう。

恐竜が氷河期になったときに死んだのは、その恐竜にとっての食糧が減ったからという面もあるだろう。大きいことは、局面が変わると、強さを失いかねない。

「規模の経済」という言い方はあるが、「規模の不経済」もある。例えば食品は、規模の不経済だといわれていて、付き合いのあるチェーン店の経営者と話をすると、キャベツなどの野菜は、小さなスーパーで買うのと変わらないか、やや高めの値段でしか出せないという。規格上、全く同じものをたくさん仕入れようとすると、安い値段では買いそろえられないからだ。

人口減少ですべての市場が縮小するわけではないだろう。人は時代が進めば進むほど、食べ物や暮らしの質の要求度が上がっていく。一度上がった生活水準はなかなか下げられない。付加価値の高いものに対しては、お金をかけたいと考えるので、人口が減っても、市場は拡大していくだろう。日本酒もその一つだと思う。

そうした観点で日本全体を見ると、私は、日本のＧＤＰは変わらず推移するのではないかという予測を立てている。人口が減ったとしても、一人当たりＧＤＰが伸びることによって、総ＧＤＰはそれほど変わらないのではないか。必ずしも人口が減るから総ＧＤＰが人口減の幅ほど下がるというモデルにはならない。人口減少の角度に比べると、総ＧＤＰはなだらかに下がる、つまり一人当たりのＧＤＰは増えていくというイメージだ。

これまでのように世界第３位の経済大国の状態のまま維持するのは難しいが、シンガポールや香港など人口は少なくても一人当たりＧＤＰが高い国のようなモデルに近付くと想像している。つまり一人当たりでは豊かになるということだ。

## どんな業界でも起こり得るV字回復

日本酒業界は40年間右肩下がりだった。

日本酒は40年前の1970年代までは、右肩上がりに伸びていた業界で、ゴールデンタイムにCMを流していたような会社もあったが、そこからガクンと落ちている。ずっと上がっていたものが70％以上も下がる。そんな転落を体験している業界である。

しかしこれは他の業界でも今後起こり得ることだ。40年間というのは、新卒の人が就職して退職するまでの期間でもある。上がっている業界だと思い込んで1970年代に日本酒業界に就職をした人は、退職するまでずっと下がっている。しかも下がり方も極端で、7割が吹っ飛び、3割になっているのだ。大きい会社も縮小していて、業界のリーディングカンパニーだった酒蔵は70万石あったのが、現在30万石以下にまで減った。

40年間で、蔵数も減っている。1970年、酒蔵数が3500以上あったが、今は1300近く。ただ、生き残った1300社の中でも、伸びている蔵があることは伝えておきたい。40年前にはなかった新しい日本酒のジャンルが創出されたことで、伸びている酒蔵がある。大企業が20社だとすれば、1300の残りの1280社の中で、伸びている蔵が200社くらいある。業界全体としては負けているが、一部の企業群は勝っている。伸びているジャンルとは、特定名称酒である。これは本醸造酒とか純米酒、純米吟醸、純米大吟醸などの高品質の日本酒を表す。現在、これらはマーケットシェアの3割まで来ている。高付加価値商品で、売り上げも粗利も高く取れ、蔵の経営の助けになっている。特定名称酒の伸びの恩恵を受けたのは各地方の地酒の蔵であり、彼らは高品質な酒を造ることで消費者から支持を受け、ブランドづくりに成功している。

もちろん、この支持を受けるまでの過程ではどの酒蔵も大変な苦労を重ねているし、何よりこの特定名称酒が定着するまでに、かなりの時間がかかったのも事実である。日本酒愛好者からすれば特定名称酒が3割と聞けば「まだそれだけなの」と驚くかもしれない。しかし、40年かけてじっくりと育んできた成果である。また海外輸出で近年急速に伸びているジャンルもこれである。

では大手が特定名称酒をつくればいいのではないか、と思うかもしれないが、消費者は、大手の造る特定名称酒をそこまで求めてはいない。それよりも、キャラクターのはっきりした地酒の蔵がつくるものを探しているのだ。これは嗜好性の強いジャンルだからだ。

さらに、コメ違いで酒をつくる蔵が増えたり、タンク1本ずつ全部違う仕込みをやったりしているのだ。そういうことを消費者が望む時代になってきたのだ。こうしたことは日本の40年後に向けて、過去40年間落ち続けていた日本酒業界を参考にしていただける事例ではないかと思う。

## 日本酒ビジネスの将来性

現在、フランス産ワインの輸出額は、日本円で1兆円に上る。これに対し、日本酒の輸出額は220億円だ。この数字は直近5年で倍近くまで伸びているが、今後日本酒の輸出額は4000億円程度まで伸びるかもしれない。実は日本国内の日本酒の市場が大体4000億円なので、国内と海外輸出が同額になるという状態だ。これは近い将来にあり得る話だろう。

一方、輸出だけでなく、海外の観光客が日本酒を目当てに来日する機会も増えてきた。今後は受け入れ態勢が必要だ。店舗であったり、英語の案内であったり、日本酒が飲める居酒屋ツアーであったりと、新たなビジネスチャンスが生まれる可能性は高い。

こうした中、4、5年前から平和酒造で力を入れているのが、海外へのアプローチだ。例えば2014年にブラジルでワールドカップが開催された際には、中田英寿氏が日本酒バーを主催するというので、杜氏に「紀土」のプレゼンテーションに行ってもらった。その後も杜氏は年3回くらいのペースで海外出張に出ている。直近の2019年には、私は海外出張に12回出たが、一般社員も含めた全社員で年間30回とこれまでで最多となった。

渡航費や滞在費は安くはない。社員のために多大な出費をするのは、それだけの価値があると判断したからだ。職人気質の杜氏は、蔵の外での活動をもともと好んではいなかった。「そんな無理をしないで、経営者が行けばいい」という声もあったが、そこに日本酒業界の衰退の原因を感じざるを得ない。

多くの酒蔵では、杜氏は蔵にこもって酒造りだけをしている。それは杜氏のせいなのかというと、私はそうは思わない。経営者が酒造り以外をやらせていないから蔵にこもるしかすべがなくなるのではないか。

経営者も、最初から経営ができたわけではない。経験を積むうちに、経営ができるようになるのだ。同様に、蔵しか知らない杜氏でも、どんどん外に出れば、いろいろなスキルが身についてくる。

杜氏を海外に行かせたのは、彼のためだけではない。酒造りは蔵の中だけでやるものではないということ、酒造りを通じて世界とつながれるということ。他の蔵人にも、私からの強いメッセージを伝えたかった。

その後、マレーシア、スペイン、韓国、香港など世界各地へと杜氏や蔵人が続々と出張に出かけている。先日は4人が韓国出張から帰ってきた。

海外で「SAKE」は、食中酒として価値あるもの、クールな飲み物だと評価されている。食材のうま味を引き立てるアルコールとして注目されているのだ。展示会などで顧客に接し、現地での評価を肌で感じてもらう経験は、必ず次の酒造りに反映されるはずだ。

今後は日本酒業界の中で、平和酒造がより積極的に海外での市場を開拓し、ファンを増やそうという姿勢を見せることが大切だと感じている。それは、日本酒ビジネスの可能性を広く伝えるためでもあるのだ。


平和酒造の輸出自体も、急拡大している。現在15カ国での売り上げが1億円を突破した。直近1年で150％の伸びである。

輸出自体は父の時代から手がけてきたが、経営に影響を与えるほどの売り上げ拡大が始まったのはここ3年ほどだ。まず私が3年前に海外の空気に慣れるということと輸出を拡大するという強い意志で、年間12回、つまり月1度の海外出張を自分に課した。

先述の通り、今では杜氏や社員にも海外イベントなどに気楽に出てもらうようにしている。これだけ頻繁に出ると現地の人たちとのコミュニケーションも密になるし、自分たちも「海外でこのように日本酒が飲まれているから、こんなふうに酒造りに生かしてみよう」などと工夫をすることができるようになる。

海外の方々とのコミュニケーションで活用しているのがＳＮＳだ。日本でもよく使われるフェイスブック、インスタグラム、ツイッター、ＬＩＮＥ、スカイプ、ユーチューブだけでなくＷｈａｔｓＡｐｐやＷｅＣｈａｔなどで連絡先を一度交換してしまえば、いつでも連絡を取ることができるし、近況が分かる。「ようやく自信の作品である○○を生み出すことができました。皆さんお楽しみに」などと書いた翌日には、台湾やニューヨークから問い合わせを受け、その週末には香港で別の人がＳＮＳで話題にしていることもざらなのだ。

日本酒においては、日本が文化の発信拠点だ。何も海外輸出だからといって海外に行かなければいけないということは必ずしもないとＳＮＳを通して最近は気づいた。実はニューヨーク、ロンドン、香港など海外の日本酒好きたちは日本の動向をすごく気にしているし、今東京で何が飲まれているかを知りたがっていてＳＮＳをよく見ているのだ。

台湾の日本酒イベントで活躍する荒瀬さん

本当のイノベーションというのは、革命と一緒で、価値観が変わるときのことを指す。製品が良くなるというのはプロダクト上のことで、本来的なイノベーションではない。日本酒業界というのはイノベーションが起きている業種だと私はさまざまなところで話をしてきた。経営学の勉強に通っていた大学院の教授から「山本がやっているのがイノベーションだ」と言われたとき、最初は意味が分からなかったが、少し時間がたって理解ができた。価値の革命を引き起こし、社会を変革するのがイノベーションなのである。

▶▶POINT 個が立つ組織 36 社員が新たな市場を開拓する

## 和歌山での活動

地元和歌山県では、コアな食の生産者たちの集まりをつくっている。これまで県内では、コアなものづくりをしている個々の生産者はあっても、まとまって発信をする組織はなかった。「いいものを買いたい」と考えている顧客の上位層に、和歌山の食の生産者がまとまってアプローチをしていきたいと思っている。

食の生産者が集まることで、和歌山各地の魅力を伝えることもできる。例えばあるメディアが1社取材に来たら、相手のニーズに合わせて和歌山県内の仲間の生産者を紹介して「ことここを回ったらいいですよ」と教えることも可能だ。

これがなぜ有効かというと、和歌山県は、東京のメディアからすると1泊2日かけて出張に行く場所になっているからだ。東京を軸にA地区、B地区、C地区と区別すると、A地区はロケバスか車で行ける東京近郊。B地区は、新幹線で日帰り可能なエリア。そして1泊2日で訪ねるC地区に和歌山は入っている。

A地区は簡単なネタ探しに行ける場所、B地区は、それよりもちょっと面白いものを拾いに行くところ。C地区になると最終の場所で、雑誌とかテレビだと、ある程度目玉企画でないと取材に来てもらえないエリアなのだ。

生産者同士がお互いに紹介し合えば、メディアに対する情報提供と共に、最高のプレゼンテーションにもなる。「和歌山ってすてきでしょう。和歌山って食の生産者が多いんですよ、また来てください」と言える。「また来てください」が、次のつながりになっていく。

小さな魅力ある中小企業は、シナジー効果が期待できる。シナジー効果は、規模の原理を求めなければいけない局面か、発言力を持とうとするとき、もしくは新たな地域で何かイベントをしようとするときに発揮される。現在はこうした形が地方に増えている。SNSの普及で、気の合う経営者仲間で集まって行動を起こしやすくなってきたのだ。

このように、日本酒業界に立ちながらも、今後は食の生産者としても、活動領域を広げていきたいと考えている。

## ファーストペンギン的活動

私が標榜する目標は、衰退業界である日本酒業界を盛り上げること、世界に日本酒の良さを知ってもらうこと、そして小さな会社が地方でもきらりと輝く取り組みができると伝えることだ。これらの志に共鳴した社員が集まり、目標を達成しようと力を合わせている。社会的な意義があるので、皆、積極的にかかわりたいと思ってくれているのだと思う。

社会的意義を掲げたモデルが、成功を収めていく様子を見せることにも意味がある。平和酒造のやり方をまねてみようというフォロワーが現れるからだ。

私はこれを日本酒業界での「ファーストペンギン的挑戦」と表現している。ファーストペンギンとは、群れの中から魚を求めて、天敵がいるかもしれない海へ最初に飛びこむペンギンのことだ。スタートアップなどではその勇気のあるペンギンのように、リスクを恐れず初めてのことに挑戦する企業や人を表す。一般的には、先行者利益が目的とされるが、平和酒造の狙いはそうでない。

平和酒造が他の酒蔵に先駆けて新しいモデルを実験し、業界に新しい空気を入れる。そして「セカンドペンギン」となってくれる酒蔵が追随して、さらに発展し成功を収めてくれる。「サードペンギン」「フォースペンギン」と平和酒造の挑戦に倣うことで業界内での地殻変動が起こる。平和酒造は閉塞感の漂う日本酒業界に変革をもたらす一番やりを目指すということだ。

先述したように、日本酒業界で初めて大学新卒だけで酒造りをする酒蔵となったのも、ファーストペンギンそのものだろう。本来日本酒造りは季節雇用の蔵人が酒造りを行ってきた。肉体労働だけができる若い男性を雇い、給料を抑えるためでもあった。

しかし、私はこれからの日本酒業界を支える人材と共に働きたいと思った。コストの中心である人件費を削ることに力を割くのではなく、有能な人材に入ってもらい、付加価値のある仕事を共に生み出し、得た利益を分け合う。こうしたモデルの酒蔵をつくってみたかったのだ。

新卒の採用についてまとめた前作を出版した後、この5年で就職サイトを活用して人材募集をする地酒の酒蔵が、20倍に増えた。

私は業界全体で若い有能な人材を採用することが必要だと考えている。なぜなら、私が平和酒造に戻ったとき、試飲会で机を並べた同業他社の年配社員のモチベーションの低さにがっかりしたことを覚えているからだ。私は社内でも社外でもリスペクトし合える人と仕事をしたいのだ。そうした意味で自ら採用に関する情報を開示したことは、後悔していない。

他のファーストペンギン活動としては、日本酒イベントの主催もそうだろう。20代、30代の若手蔵元たちとさまざまなイベントを開き、若い日本酒ファンの開拓を行ってきた。インフルエンサーと呼ばれる方々とも活動をしている。中田英寿氏との海外での日本酒啓蒙活動や、「キットカット梅酒」でのコラボ、堀江貴文氏と日本酒を燃料に国産ロケットを飛ばし、そのお酒をスポンサー費用を集めるために販売するという取り組み。他にも世界的なテクノアーティストとのコラボイベントなどもある。

どの方々も日本酒のことが大好きで、もっと日本酒が輝くと信じているし、平和酒造の

東京・青山のイベント会場「Aoyama Sake Flea」での髙木さん（写真左）、柿澤さん（写真中）、寺尾さん（写真右）

取り組みや紀土の品質を評価した上で活動を共にしてくれているのだ。

このような取り組みは停滞する日本酒業界で、販売が振るわないから自信を持てない、自信を持てないから販売が振るわないというような「ダメスパイラル」に陥っている酒蔵が多い中、後から来る後進に「山本でもああいう人たちとやれているから、僕ならもっと」と思ってやる気につなげてもらえているのではないかと思う。

## 稲作文化を支える

私が仕掛けている社会的意義のある活動の中で、最も根源的で、最も中心的なのは、日本酒、そしてその文化を広めていることだと思う。日本酒には日本の文化や古代から続く歴史が詰まっている。日本酒はコメからできるものであり、稲作は弥生時代に伝わり日本文化を醸成してきたものだ。稲作をするために村ができ、また一種の貨幣的な価値があった時期や国の力を石高というコメの生産量で表したりもした。何より3度の食事を「ごはん」ということからも、主食としてのコメの役割が大きかったことが分かる。

しかし、このコメの役割が昭和、平成、令和と生活様式の変化で薄まり、稲作農家が減少し、地方の田園風景という日本人にとっての原風景が失われている。日本酒原米の使用状況は1998年に41万tだったが、2014年には25万tに減っている。

私は何もノスタルジックな思いで、このようなことを語っているのではない。田園風景の減少は地方の荒廃を意味し、ひいては日本社会の長期不振につながるのではないかという思いからである。

この社会問題ともいうべき状況を解決するのが日本酒である。日本酒を1升醸造するために、使用するコメは約2kg。これが田んぼでいうと3㎡。「紀土」でいえば、年間30万本を出荷しているから、60万kgを消費していることになる。90万㎡の田んぼが維持できるのである。日本のコメ文化を維持、発展させるためにもコメを原料とした日本酒の価値を高めていくことは何にも代えがたい平和酒造の役割だと思う。

また日本酒の輸出は、コメを加工し海外に持っていくことである。海外の方たちに日本酒の価値を伝え、飲んでもらえれば、日本の稲作が守られ地方の田園風景が守られる。何とも貴重なことと思われないだろうか。

平和酒造は地方の小さな蔵元だが、大きな社会的意義の一端を担い、その先頭に立って推進しようとしている。

大学を卒業すれば、高収入が約束されていた時代は終わった。それを嘆き、これまでと同じようにあくまで経済発展を目指し、かたくなに過去の成功モデルを追いかけるのはもうやめよう。平和酒造で働く蔵人のように、これまでとは全く異なる価値観で職業を選ぶ若者も増えている。

彼らの夢や価値観に応えられる場をつくること、彼らが理想とするものづくりの場をつくることが平和酒造の使命であると考えている。それには、果てしない規模の拡大と成長の維持が宿命だった前世代の価値観とは距離を置き、これからの時代にふさわしい「成功モデル」をつくらなければならない。

そのためにも平和酒造は、「ファーストペンギン」となり、先頭を切って海に飛び込み、挑戦を続けていきたい。

**POINT 37**
**個が立つ組織　業界の挑戦者となる**

# おわりに

自分の人生を大切にしてもらいたい。

実家の酒蔵に戻り蔵人たちと話をして私が感じたことだ。生活していく上では働くことが必要だ。その働くことに多くの人がネガティブだ。人生を歩んでいく上で多くの時間を働くことに捧げている。働く時間が苦痛なら人生の浪費になるのではないか。そうではなく、楽しく働ける場をつくりたい。

実はこの考えは、私の後ろめたさから来ている。

私は平和酒造の後継者という立場で生まれた。経営者を早くから志していた身としては、最適な環境で育ったともいえるし、最初から経営者になる権利もあったわけである。仕事は毎日楽しいし、朝起きて働くのが嫌だと思うこともない。どう考えても恵まれている。

しかし、前職では、嫌だなと思ったことがないわけではない。多忙を極めた日の翌朝、最寄りの駅で寝不足と疲労で重い体を奮い立たせながら、頭ではいつ辞めようかと考えていたこともあった。

2つの違う立場での心境の差は、そのままスタッフと私の差ではないだろうか。であれば、働き手がいきいきと働き毎日を楽しいと思ってくれる職場に変えられないか。それが、「個が立つ組織」をつくりたいと思った原点だ。

平和酒造でのさまざまな試みは、ある意味で実験というものだったかもしれない。この実験がうまくいけば、世の中に面白いサンプルをシェアできるんじゃないか。そういう思いが変革の動機の一つであり、この本の出版動機でもある。前作の『ものづくりの理想郷』を出版後、多くの反響と、平和酒造の取り組みが波及する姿を見られたが、今作でもそのようになればという思いで書かせていただいた。

これまでそんな実験に付き合わせてしまっている平和酒造のメンバー、先代経営者である父母、家族には感謝の念にたえない。

山本典正

**著者略歴**
平和酒造代表取締役社長。1978年、和歌山県生まれ。京都大学経済学部卒業後、人材系ベンチャー企業を経て、2004年実家の酒蔵に入社。4代目として伝統的な酒蔵の組織・人材改革を手がけ、大量生産の紙パック酒の製造から自社ブランド酒の開発・販売へと軸足を転換、業績を伸ばす。19年、京都大学経営管理大学院修了。代表的な銘柄は日本酒「紀土」とリキュール「鶴梅」、クラフトビール「平和クラフト」。最大級の日本酒コンテストIWC（インターナショナル・ワイン・チャレンジ）では「紀土 大吟醸」が2014年、15年に、「紀土 純米大吟醸 Sparkling」が19年に金賞を受賞

**「個」が立つ組織**
**平和酒造4代目が考える幸福度倍増の低成長モデル**

2019年12月23日　第1版第1刷発行

著　者　山本典正
発行者　伊藤暢人
発　行　日経BP
発　売　日経BPマーケティング
〒105-8308 東京都港区港区虎ノ門4-3-12
編　集　日経トップリーダー編集部
装　丁　小口翔平+大城ひかり（tobufune）
本文デザイン　クニメディア
写　真　太田未来子
（表紙、p.21下、p.102、p.130、p.154）
印刷・製本　図書印刷

　ISBN 978-4-296-10496-3
Printed in Japan